아이가 원하는 건 무엇이든 그릴 수 있는 밀키베이비의 손그림 레슨

우리 엄마 그림이 제일 좋아

우리 엄마 그림이 제일 좋아

: 아이가 원하는 건 무엇이든 그릴 수 있는 밀키베이비의 손그림 레슨

초판 발행 2019년 10월 1일

지은이 김우영 / **펴낸이** 김태헌
총괄 임규근 / **책임편집** 권형숙 / **편집** 김희정, 윤채선 / **교정교열** 노진영 / **디자인** 이아란
영업 문윤식, 조유미 / **마케팅** 박상용, 손희정, 박수미 / **제작** 박성우, 김정우

펴낸곳 한빛라이프 / **주소** 서울시 서대문구 연희로2길 62
전화 02-336-7129 / **팩스** 02-325-6300
등록 2013년 11월 14일 제25100-2017-000059호 / **ISBN** 979-11-88007-33-2 13590

한빛라이프는 한빛미디어㈜의 실용 브랜드로 우리의 일상을 환히 비추는 책을 펴냅니다.

이 책에 대한 의견이나 오탈자 및 잘못된 내용에 대한 수정 정보는 한빛미디어㈜의 홈페이지나 아래 이메일로
알려 주십시오. 잘못된 책은 구입하신 서점에서 교환해 드립니다. 책값은 뒤표지에 표시되어 있습니다.
한빛미디어 홈페이지 www.hanbit.co.kr / 이메일 ask_life@hanbit.co.kr
한빛라이프 페이스북 @hanbit.pub / 인스타그램 @hanbit.pub

Published by HANBIT Media, Inc. Printed in Korea

지금 하지 않으면 할 수 없는 일이 있습니다.
책으로 펴내고 싶은 아이디어나 원고를 메일(writer@hanbit.co.kr)로 보내 주세요.
한빛라이프는 여러분의 소중한 경험과 지식을 기다리고 있습니다.

아이가 원하는 건 무엇이든 그릴 수 있는 밀키베이비의 손그림 레슨

우리 엄마 그림이 제일 좋아

김우영 지음

한빛라이프

prologue

그림으로 돌봤던 나를 찾고,
또 다른 기회를 만날 수 있기를

산후조리원에서 젖먹이 밀키를 돌보며 이유 없이 우울한 감정에 빠져 힘들 때 드로잉으로 마음을 달래기 시작했습니다. 가고 싶은 여행지를 그리고, 앞으로 뭘 할 수 있을지 낙서도 하면서요. 신기하게도 그림을 그리면서 우울했던 기분이 조금씩 정리되고, 제 삶도 희망적으로 바뀌더군요. 그림은 육아를 하는 내내 치유의 역할을 해주었고, 1~2년 뒤에는 그림으로 내 이야기를 해볼까 하는 희망도 품게 되었죠.

사실 대학에 다닐 때만 해도 그림을 업으로 삼을 거라고는 상상도 못 했습니다. 일러스트를 좋아하고 애니메이션을 즐겨 봤지만, 전공도 영상이라 그림만을 직업으로 삼기에는 실력이 부족하다고 생각했거든요. 그저 취미 삼아 그린 습작들을 블로그에 올렸어요. 초반엔 한두 명의 관심에도 즐거웠어요. 꾸준히 그리고 올리다 보니 점점 실력이 늘고, 공감해주는 분들도 늘었습니다. 뒤이어 저에게 그림을 의뢰하는 기업들이 생기기 시작했죠.

그림을 그리며 돈을 벌 수 있다는 사실이 저한테는 중요한 의미였어요. 학비와 생활비를 버느라 휴학과 아르바이트를 반복했던 학창 시절엔 내가 진짜 하고 싶은 것들을 못 하는 현실이 힘들기도 했어요. 그 절실한 시간 덕에 좋아하는 것이 무엇인지 끊임없이 내면에 귀 기울이게 되었습니다. 좋아하는 것으로 돈을 버는 것에 대한 감사함도 알게 되었죠.

결혼과 출산, 삶을 바꾸는 특별한 경험

밀키베이비 캐릭터가 있기 전, 제 그림은 취미로 그린 습작에 불과했습니다. 하지만 밀키베이비 캐릭터가 생겨나고 제 그림은 180도 달라졌어요. 세상에 멋지고 훌륭한 그림이 차고 넘치지만 '내 그림'을 갖게 되었다는 사실이 제 삶을 송두리째 바꾸어 놓았어요.

결혼과 출산에 대해 많은 사람이 부정적인 생각을 하고 있어요. 특히 여성에게는 육아와 일을 병행하는 과정에서 겪는 어려움이 누구보다 크지요. 하지만 직접 겪어 보니, 힘든 시간도 존재하지만 아이로 인해 행복하고 즐거운 부분도 존재하더라고요. 그런데 이런 부분은 '모성'이나 '가족애'라고 뭉뚱그려진 채 잘 나타나지 않는다는 사실을 알게 되었어요

불과 5년 전만 해도 '#육아툰'이라는 해시태그를 찾기 어려웠어요. 그때부터 저는 밀키베이비를 통해 가족의 삶, 여성의 인생에 좀 더 긍정적인 시선을 보태고, 소중한 순간들을 효과적으로 표현하고 싶었어요. 캐릭터의 입을 빌어 내 생각을 전달하고, 끊임없이 생각나는 스토리를 표현하고 싶어 툰을 시작하게 되었죠.

밀키 가족은 제 가족과 100% 똑같지는 않지만, 취향이나 성격이 많이 반영되었어요. 특히 우유를 좋아해서 우유갑을 뒤집어쓰고 있는 밀키 아빠의 캐릭터, 아빠를 닮아 우유 마니아인 우유병을 쓴 밀키, 귀차니즘에 빨간색 원피스를 유니폼처럼 입는 밀키맘이 그래요. 가장 가까운 사람과 사물을 면밀히 관찰하고 그리는 것에서부터 밀키 캐릭터가 탄생했어요. 이렇게 만든 캐릭터를 통해 150편이 넘는 에피소드를 연재하고 있어요.

이중 초반 에피소드만을 모은 ≪지금, 성장통을 겪고 있는 엄마입니다만≫ 이라는 첫 책을 내고, 9번의 국내외 전시를 열고, 크고 작은 20여 개의 기업과 협업을 하며, TV 인터뷰를 하는 등 새롭고 놀라운 경험을 할 수 있게 되었어요.

제 삶은 제 안에 자리 잡은 고정관념을 깨기 위한 노력으로 가득해요. 전공도 아닌 미술의 영역에서 활발하게 일하고 있고, 남들처럼 한 가지의 직업이 아니라 UX(User Experience) 디자이너, 그림 작가, 디지털 크리에이터라는 세 가지 타이틀을 달고 활동하고 있으니까요. 엄마라는 단어가 주는 편견에서 벗어나 창조적인 한 사람으로 거듭나고 싶어요. 무엇보다 제 그림을 통해 삶의 따뜻한 시간을 떠올리고 힘을 내는 분들이 늘어나는 것을 보며 기쁨을 느끼고 있어요.

아이에게 그림을 잘 그려주는 엄마, 아빠

밀키는 제가 그림 작업을 하고 있으면 조용히 다가와 옆에서 그림을 그려요. 밀키만의 그림 스타일이 따로 있지만 가끔은 제 그림을 따라 그리고, 자극받는 것을 좋아하죠. 밀키는 자기의 캐릭터가 존재한다는 것을 이해하고, 제가 그린 만화를 보면서 이러쿵저러쿵 해석도 해요. 한글을 익히고 난 후에는 자기만의 이야기도 짓기 시작했습니다. 그걸 볼 때마다 부모가 자식의 거울이 된다는 사실을 떠올립니다.

이 책은 제가 밀키에게 알려주는 그림 그리기 방식을 여러분과 공유하고 싶어서 썼어요. 공식처럼 그림을 그리는 법이 아닌, 스스로 응용해볼 수 있게 구성했습니다. 평소에 그림을 전혀 그리지 않던 사람도 쉽게 마음먹고 당장 시작할 수 있게 팁도 꼼꼼히 실었죠. 아이가 그림을 그릴 때 도구를 자유로이 사용하고, 기법에 구애받지 않듯, 어른도 그럴 수 있습니다. 이 책이 출간되고 나서도 저는 다양한 재료를 탐구하면서 더 재미있고 쉽게 그림 그리는 법을 꾸준히 소개할 거예요.

세상에 많은 그림 튜토리얼 책이 있지만, 가족을 대상으로 그림 그리는 법을 알려주는 책은 많지 않더라고요. 저는 2년 전부터 아트 워크숍을 열어 밀키 또래의 아이들과 어른들에게 아트의 즐거움을 알려주는 활동을 해왔습니다. 이 책에는 그 시간을 통해 알게 된 아이들이 특히 좋아하는 소재들, 마음을 담아 가족의 캐릭터를 만드는 법, 일상의 작은 순간들을 표현할 수 있는 노하우를 선별해서 실었어요. 이 책이 길잡이가 되어 많은 엄마, 아빠들이 아이의 그림을 첫 발자국부터 잘 이끌어줄 수 있기를 바라며, 나아가 그림을 나를 표현하는 도구로 여기고 즐길 수 있기를 바랍니다.

밀키베이비 김우영

〈We run the bath!, 2019〉

contents

밀키맘이 쓰는 도구, 영감을 주는 도구들

Chapter. 1
엄마, 그림 그려주세요 : 아이를 위한 그림 그리기

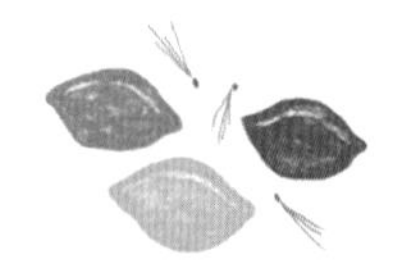

• 아이가 자주 먹는 것은 좋은 그림 소재다 •

• 아이가 마주하는 자연물, 그림으로 옮겨보자 •

• 아이가 탄 것들, 타보고 싶은 것들을 그려보자 •

• 아이가 좋아하는 동물은 디테일을 강조하자 •

• 아이가 자주 마주치는 사람들, 캐릭터의 특징을 잡아보자 •

Chapter. 2

엄마의 취향을 담은 일러스트

• 오늘 내가 입은 옷 그리기 •

• 내 화장대 위에는 뭐가 있을까 •

• 나 혼자만의 시간 •

• 휴일을 그리다 •

Chapter. 3
가족여행, 그림으로 남겨요!

• 대만 •

• 북유럽 •

• 서울 •

• 제주 •

밀키맘이 쓰는 도구, 영감을 주는 도구들

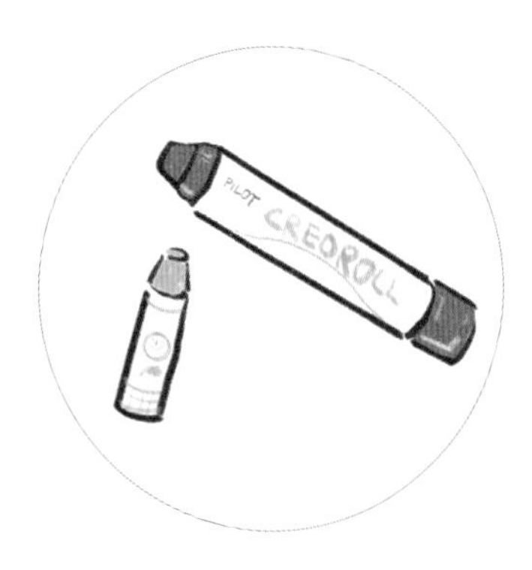

크레용 vs 크레파스

너무 무르면 아이가 의도한 형태로 색칠하기 어렵고, 번지기 쉽기 때문에 적당히 단단하고 색상이 선명한 것으로 골라주세요. 크레용은 가장 흔하게 볼 수 있는 게 크레욜라인데, 왁스로 굳혀서 꽤 단단합니다. 처음부터 너무 많은 색을 사용하기보다 24색 정도부터 시작해보세요. 기본적인 색감을 익히고, 다양한 색으로 확장하는 게 좋을 것 같아요. 크레용 대신 크레파스를 사도 괜찮습니다.
크레파스는 크레용과 파스텔을 섞어 놓은 어린이용 오일 파스텔입니다. 일본의 문구 상표였는데, 우리나라에서는 제품을 통칭하는 말로 널리 사용하고 있습니다. 오일이 섞여있어 파스텔처럼 가루가 날리지도 않으면서 크레용보다 물러요. 크레파스는 적은 힘으로 채색이 가능한 대신 손에 묻기 때문에 어린 아이들이 사용한다면 커버가 있는 크레파스를 고르는 게 좋습니다.

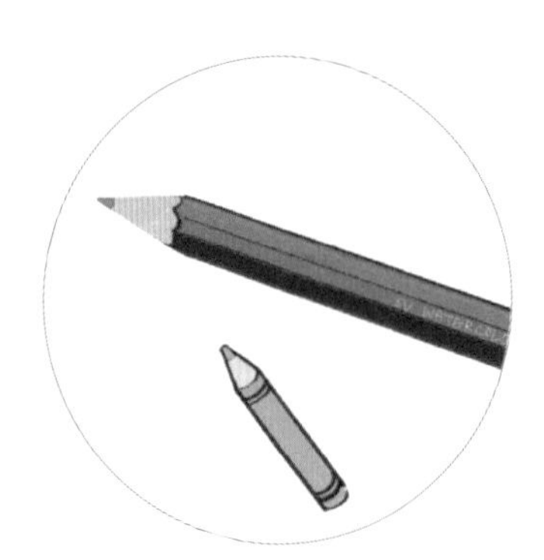

색연필

색연필은 힘줘서 칠하지 않아도 부드럽게 잘 나오는 제품이 좋습니다. 아무리 칠해도 흐릿하게 나오면 만족스럽지 않은 그림이 될 확률이 높아요. 색 종류나 개수가 적더라도 품질이 좋은 색연필을 추천합니다.

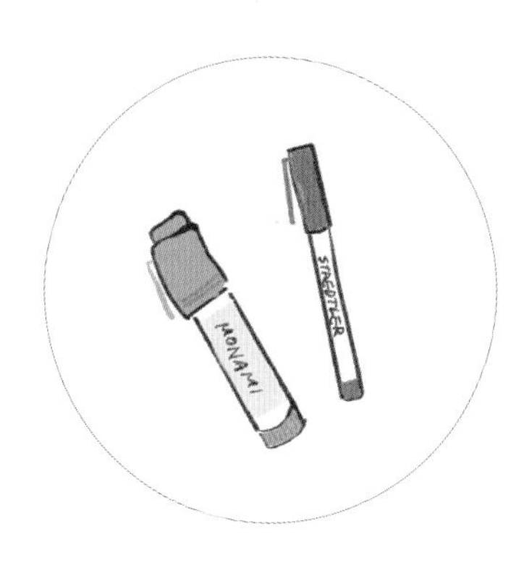

마카

냄새가 나지 않고 유해하지 않은 어린이 마카(어린이 무독성 수성 마카)를 골라주세요. 초록색이라도 연두색, 카키색, 진한 초록색 등 여러 갈래의 색상이 있는 것이 색깔 공부하기 좋아요.

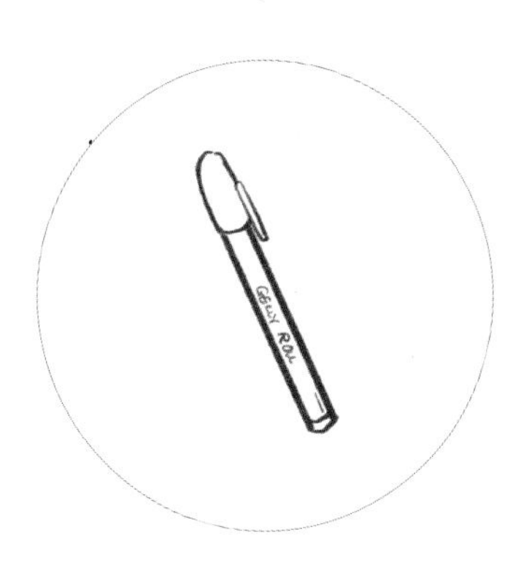

흰색 젤펜

색연필 위에 흰색을 칠하거나 빛을 표현할 때 유용합니다. 이 책에서 많이 쓰게 될 거예요.

종이

손그림을 그릴 때는 되도록 두꺼운 종이가 좋습니다. 보통 드로잉북 표지에 두께가 적혀 있는데, 150g 이상이 좋습니다. 아이와 함께 그릴 때도 너무 얇은 노트보다는 약간 두께가 있는 스케치북이나 종합장에 그려주세요.

냠!

CHAPTER. 1

엄마, 그림 그려주세요

- 아이를 위한 그림 그리기 -

Lesson 01.

그림 잘 그리는 비법

이 책에 나온 돌하르방 편을 그리려던 참이었어요. 돌하르방의 생김새를 모르는 건 아니었지만 세세한 부분이 잘 생각나지 않았죠. 그래서 책상에 두고 보려고 밀키와 돌하르방 모양의 석고 방향제를 만들었어요. 여태껏 돌하르방의 귀를 살펴볼 생각을 하지 못했는데, 밀키가 돌하르방의 귀가 큰 이유에 대해 궁금해하는 바람에 덩달아 구체적으로 살펴보게 되었답니다.

진짜 그림을 잘 그리는 비법은 바로 '관찰'에 있습니다. 레오나르도 다빈치의 연습장은 관찰을 통한 주변 묘사로 가득했다고 해요. '관찰이야말로 직접적인 경험과 지식의 바탕이다'라고 말한 장본인이니까요. 이런 관찰은 습관이에요. 아이와 동네를 산책하고, 디저트를 나눠 먹는 평범한 일상에서 늘 촉을 세우고 영감을 얻어보세요.

이 책에는 대상별로 한두 가지 형태와 색상만 실었어요. 하지만 고양이를 따라 그릴 때도, 제가 제시한 응용 패턴을 바꿔보거나, 다른 포즈의 고양이를 관찰하며 연습해보세요. 실력이 배로 늘 거예요.

Lesson 02.

그림 망치는 법

이 책을 펼치고 그림 그리기를 시작하는 부모님의 미술 실력은 천차만별일 거예요. 그래도 아이보다 어른이 잘 그릴 테고요.

어른이 혼자 그릴 때는 시간을 들여 잘 그리는 게 중요하지만, 아이와 함께 할 때 처음부터 끝까지 완벽하게 그려버리면 아이는 지레 포기하고 뭐든 엄마 아빠에게 그려달라고 요구할지도 모릅니다.

내 아이가 그림 그리기의 즐거움을 알고, 생각을 더욱 잘 표현하기 위해 함께 그리는 동안에는 아이에게 참여할 기회를 틈틈이, 많이 주세요.

그 방법은 다음과 같아요.

• 어려워하는 부분만 도와주거나, 처음 구도나 형태만 잡아줍니다.

• 이 색상을 왜 썼는지 물어보고, 다른 곳을 칠할 때 아이에게 색상을 골라달라고 합니다.

• 과일이나 야채의 실물을 놓고 그리는 것도 좋은 방법이에요. 아이는 아마 이 책에서 생략한 부분을 찾아내고, 추가할 수도 있을 거예요.

Lesson 03.

아이의 그림 실력은 자란다!

아트 클래스를 진행하다 보면 아이들 간의 시너지가 엄청나다는 사실에 깜짝 놀랍니다. 옆 친구가 특정 재료를 사용하면 자기도 사용하고 싶어 손을 뻗고, 서로서로 그림을 보며 소재도 늘리고 표현도 배워요. 제가 알려주는 것보다 또래에게 얻는 게 더 많기에, 또래 친구와 함께 그림 그리는 시간을 자주 마련해주는 편입니다. 가까운 친구와도 그리고, 다양한 키즈 아트 클래스에도 참여하면서요.

그래도 밀키는 엄마, 아빠와 같이 그리는 시간이 가장 많습니다. 저는 아이에게 스킬을 알려주지 않습니다. 대신 주기적으로 새로운 아트 재료를 써보게 하고, 미술 전시에 다녀오면 인상 깊었던 기법이나 이미지를 아이와 간단히 재현해봐요. 무엇보다 아이의 발달 과정과 관심사에 맞춰 흥미를 돋우는 것에 초점을 둡니다. 좋아하는 캐릭터도 그려보고, 여러 가지 그림 스타일이 있는 일러스트 책을 보여주기도 하면서 놀지요. 미국 법학자인 올리버 웬들 홈스 주니어는 “새로운 경험으로 한번 늘어난 정신은 결코 과거의 크기로 돌아가지 않는다”고 말했습니다. 아이의 경험치를 늘려주면 자연스럽게 그림 속 세상도 넓어진다는 걸 기억하세요.

아이가
자주 먹는 것은
좋은 그림 소재다

사과

아이들에게 가장 친근한 과일 중 하나인 사과! 그림책의 소재로도 자주 쓰이죠.
그림책에서 소개되는 다양한 사과를 찾아서 따라 그려보는 것도 좋은 연습이 됩니다.

①

윗부분은 하트를 그리듯,
아랫부분은 원을 그려주세요.

②

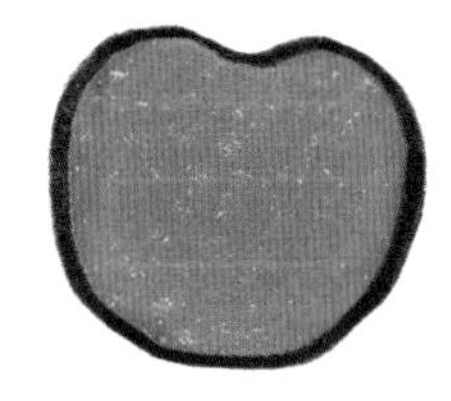

빨간색을 칠해주고,

③

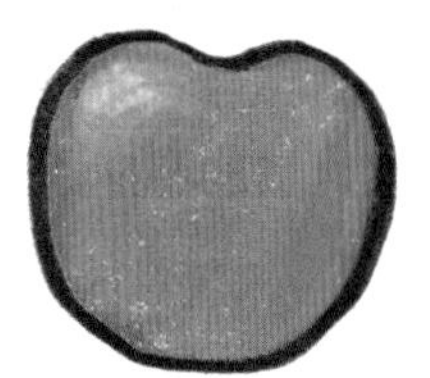

위쪽엔 노란색 조금,
아래쪽엔 초록색을 조금 칠해주면
명암이 완성!

④

꼭지를 그려주세요.

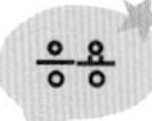

- 애벌레가 튀어나오는 그림도 그려보세요.
- 사과 단면을 보고 그리는 것도 좋은 아이디어입니다.

딸기

딸기를 그리는 기본적인 방법을 익힌 후, 변형을 시도해보세요!

①

벌써
딸기 같죠?

하트를 그리듯 선을 그려줍니다.

②

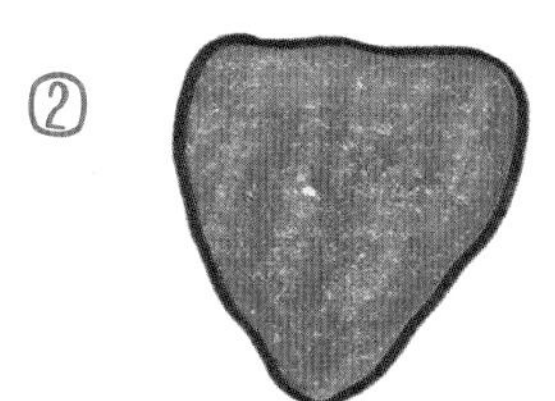

삭삭삭~ 안을 채워주고,

③

3~4장의 잎을 그려주세요.
휴대폰의 별표를 떠올리면 쉬워요.

④

검은색으로 씨를
콕콕 그려 넣어줍니다.

조금 더 잘 그리고 싶은 엄마를 위한 팁!

- 빛을 받는 윗부분의 잎사귀는 조금 밝은 연두색으로,
  딸기 윗부분은 노란색을 더해보세요. 한층 더 풍성한 색감의 딸기가 됩니다.

파인애플

어린아이들은 파인애플의 겉면을 그리기 어려울 수 있어요.
간단한 방식으로 파인애플을 그리는 재미를 알려주세요.

① 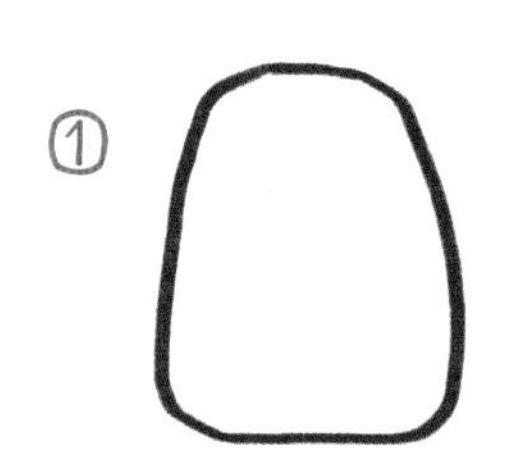

부드러운 곡선의 사다리꼴
하나를 그려주세요.

② 

3장의 잎을
삐죽삐죽 그려주고,

③ 

잎부터 색칠해볼까요?

④ 

노란색과 갈색을 섞어 칠해주면
더 풍성한 색감으로 표현됩니다.

⑤ 

올록볼록 가시를 그려주고,

⑥ 

흰색 점으로 포인트를 줘요!

수박

여름이면 자주 먹는 수박.
검은 테두리선을 쓰지 않고 칠해볼까요?

①

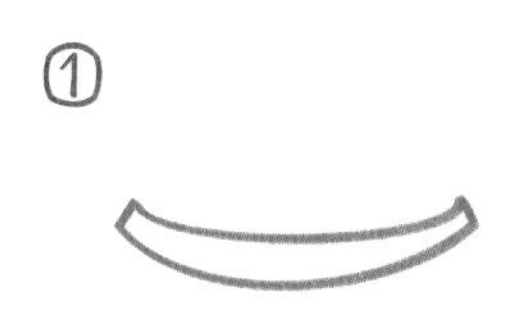

초록색으로 껍질을 칠해야 하니
초록색 테두리를 그려줍니다.

②

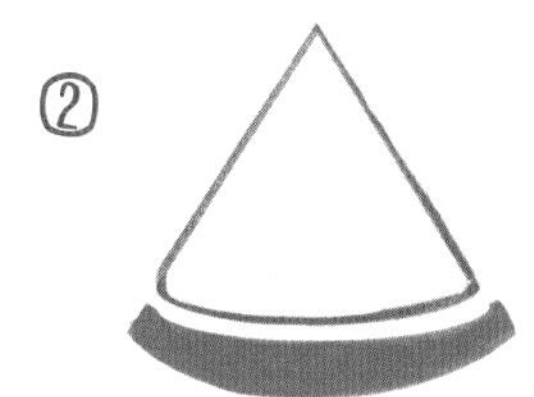

수박 안쪽은 빨간색으로
삼각형을 그려줘요.

③

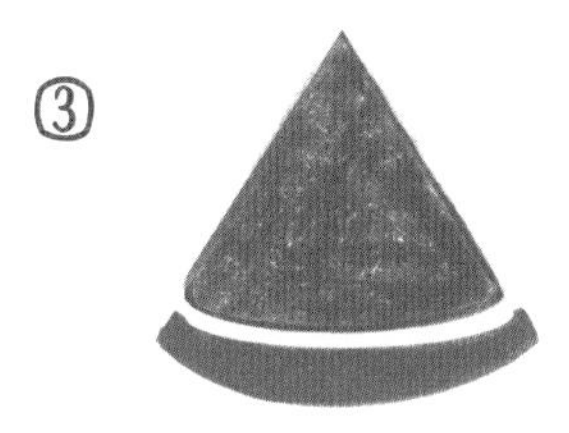

쓱쓱~ 속을 색칠해주고,

④

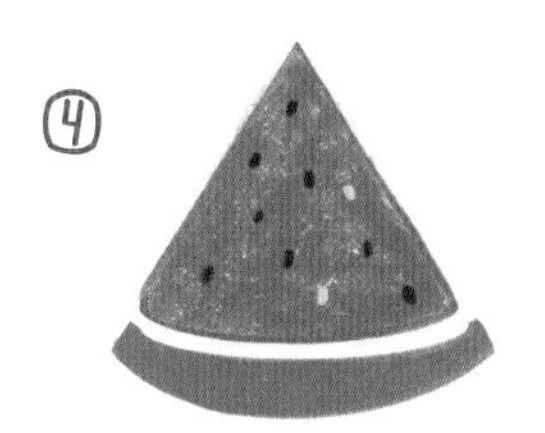

수박씨를 콕콕.
이때 흰색과 검은색을
섞어서 그려주세요.

⑤

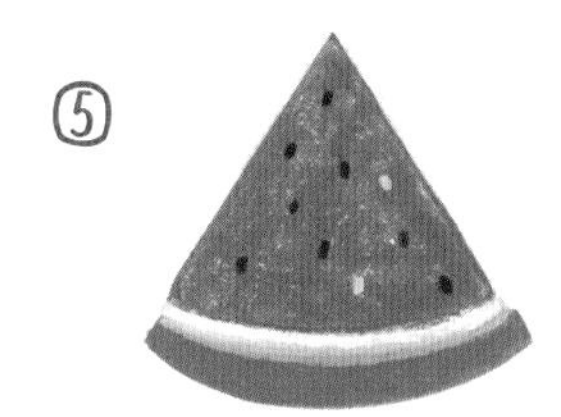

여유가 있다면,
수박 껍질의 흰 부분을
연두색으로 조금 채워주세요!

테두리선, 쓸 때와 안 쓸 때 이렇게 달라요!

- 테두리선을 먼저 검은색으로 그리면, 조금 더 명확하게 형태가 잡히고 뚜렷해 보이는 장점이 있어요. 하지만 오징어 다리처럼 얇거나 배경과 대비가 뚜렷한 경우에는 외곽선 없이 깔끔하게 그리면 더 예쁜 것들이 있어요. 그럴 땐 채색할 색으로 외곽선을 그리고, 안쪽을 채우면 돼요. 이 책에는 외곽선이 있는 것과 없는 것이 섞여 있어 더 다양한 스타일을 연습할 수 있을 거예요.

바나나

바나나는 아이들이 참 좋아하는 과일이죠.
노란색으로 심심하게 칠하기보다 초록색과 반점을 추가하면 훨씬 멋진 바나나 그림이 되어요.
앤디 워홀의 바나나 그림을 참고하셔도 좋아요.

①

꼭지의 끝은
비스듬하게 그려주세요.

②

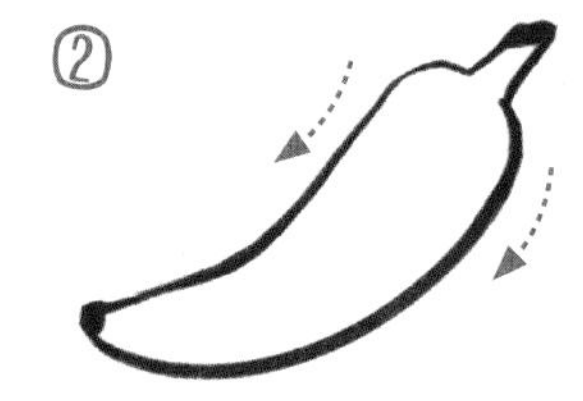

길쭉한 바나나 선을
그려주세요.

③

노란색으로 칠해주세요.

④

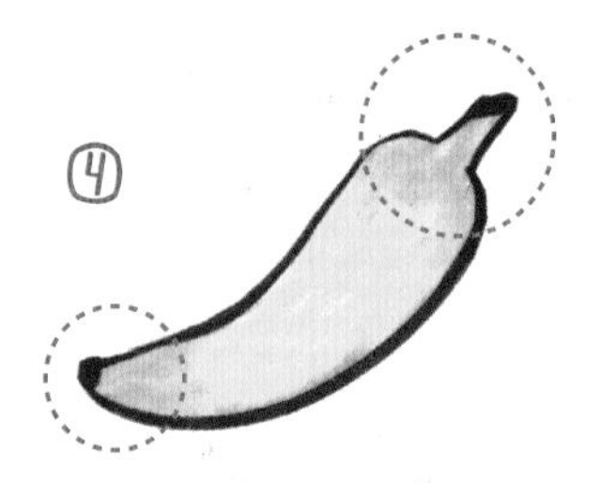

윗부분과 아랫부분은
약간 연두색으로 칠해줍니다.

⑤

껍질 중간에 검은색 색연필로
선을 그어주세요.

⑥

색연필로 흐릿하게 바나나의
반점을 추가해주세요.

포도

포도는 각양각색으로 그릴 수 있어요.
아이들에게 조금 더 색상을 다양하게 쓰는 방법을 알려줄 수 있는 좋은 기회이기도 합니다.

①

보라색이 여러 가지라면,
모두 준비해주세요.
(남색도 가능)

②

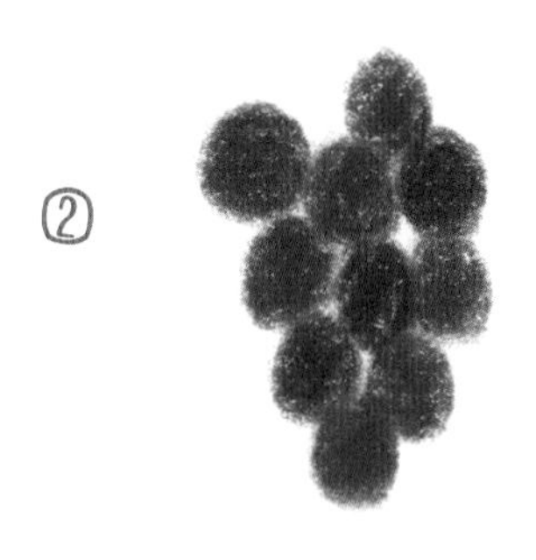

하나 → 셋 → 여섯 포도알을 늘리면서
다양한 보라색을 번갈아 사용해주세요.

③

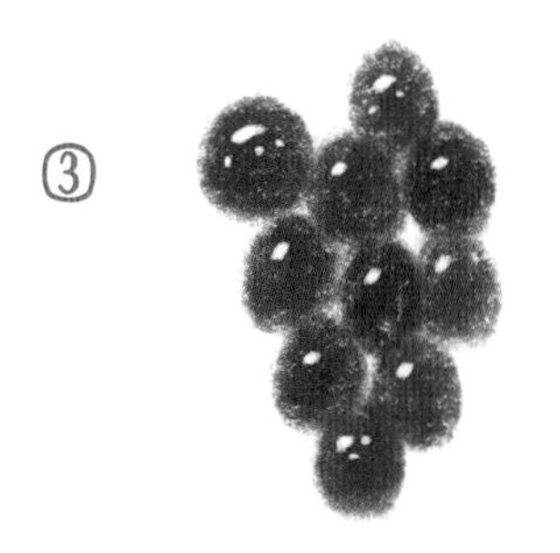

흰색 젤펜으로 빛을 그려주고,

④

마지막에 갈색으로 가지를,
초록색으로 잎사귀를 그려주면 됩니다.

당근

당근을 그리는 것은 쉽고 재미있어요. 실물같이 그리는 게 아니라,
약간 위트를 가미하면 더 재미있죠. 일러스트의 묘미이기도 하고요. 저와 함께 따라 그려봐요!

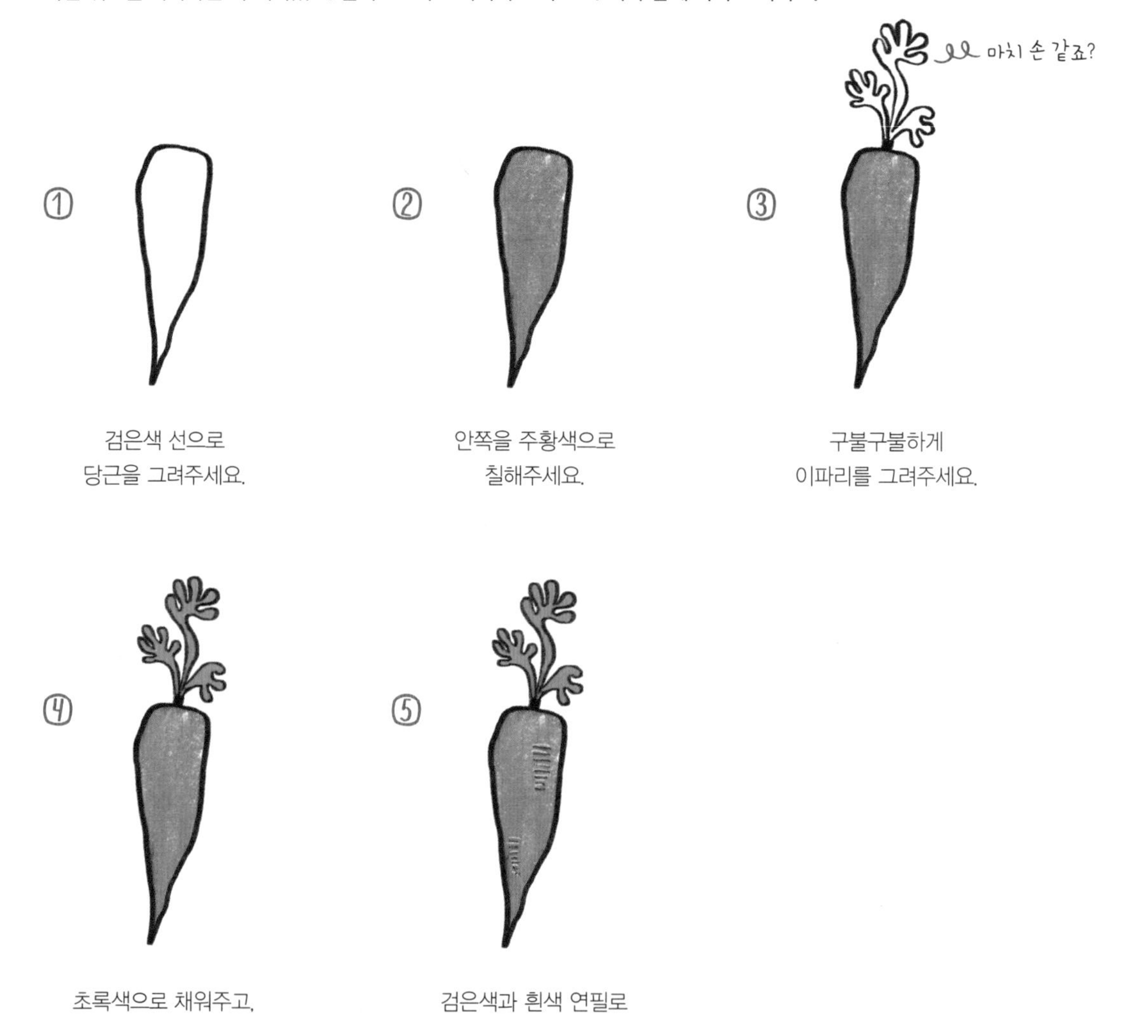

① 검은색 선으로 당근을 그려주세요.

② 안쪽을 주황색으로 칠해주세요.

③ 구불구불하게 이파리를 그려주세요.

④ 초록색으로 채워주고,

⑤ 검은색과 흰색 연필로 약간의 선을 첨가하면 완성!

피망

입체적인 것을 단순하게 그리는 것이 처음엔 어려울 수 있어요.
가운데 부분을 옆의 2개보다 살짝 크게 그리는 것이 포인트예요.

①

꼭지를 그려주세요.

②

위아래로 길쭉한 하트를 그려주세요.
피망 가운데 부분입니다.

③

양옆으로
하트 반 개를 그려주고요.

④

피망은 빨강, 주황, 노랑
여러 가지죠.
원하는 색으로 칠해주세요.

⑤

꼭지는 연두색으로 칠해주세요.

조금 더 예술적으로 표현하고 싶다면?

- 가장 정면 부분에 노란색으로 하트를 그리다 만 느낌으로 칠해주세요.
  피망을 자세히 보면, 가운데 윗부분이 움푹 패어있거든요.
  흰색으로 빛을 표현하면, 아이도 보고 따라한답니다.
  엄마가 하는 것을 보고 따라하면 되는데 미술, 따로 배울 필요 있나요?

브로콜리

브로콜리는 작은 나무같이 생겼어요. 구체적으로 그리자면 몇 시간이 걸릴지 몰라요.
이 작은 나무도 아이들 눈높이에 맞게 간단히 그릴 수 있어요.

①

초록색 네모를 그려줍니다.
브로콜리 줄기예요.

②

위로 뻗어 올리는 팔을
네 개쯤 그려줍니다.

③

연두색으로 뱅글뱅글 선을 그리면서
구름 같이 브로콜리 꽃 부분을 표현해주세요.

조금 더 잘 그리고 싶은 엄마를 위한 팁!

- 명암 표현을 조금 더 해주려면 줄기 부분에 썼던 초록색으로 화살표처럼 칠해주세요.
  줄기에도 연두색으로 빛을 표현해주면 어때요, 참 쉽죠?

Feat. 밥 로스

생각나는 채소, 과일을 그려보세요

도넛

약간의 팁만 알아도 도넛 모양을 재빨리, 그럴듯하게 그릴 수 있어요.

①

타원 하나 쓱 그리고,

②

가운데 뻥 뚫린 부분을
잘 그리려면 위 반원보다 아래 반원을
조금 더 크게 그리는 거예요.
벌써 입체감이 살아나죠?

③

원하는 크림의 색을
흘러넘치게 그려주고,

④

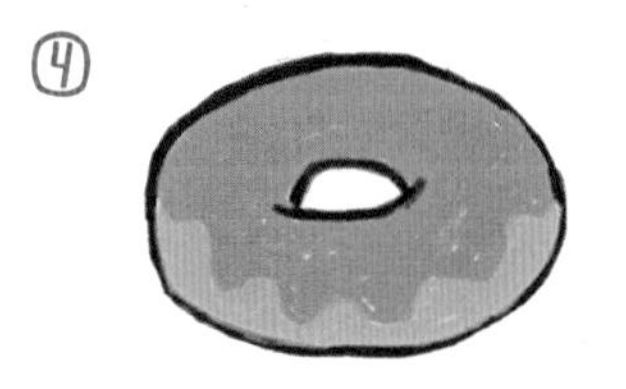

아래는 브라운 계열의
빵 색을 칠해줍니다.

⑤

알록달록하게 점을 찍어
스프링클을 표현해줍니다.

햄버거

빨간색, 노란색, 초록색, 갈색 이렇게 네 가지만 어떻게든 칠해주면 햄버거 같아 보여요.
심지어 일자로 칠해도요. ㅎㅎㅎ

① 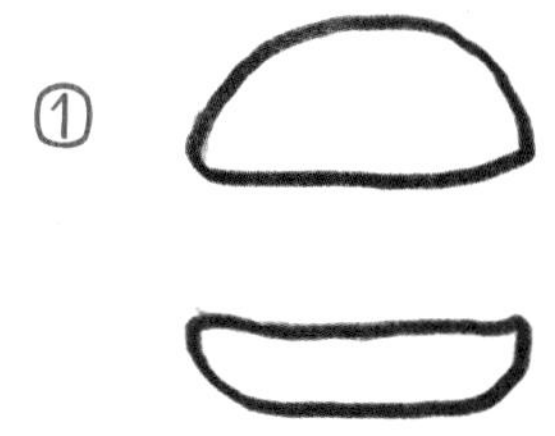

빵을 먼저 그립니다.

② 

토마토, 패티, 상추 순으로
그려줄 거예요.

③ 

빵을 칠해주세요. 윗부분에
노란색으로 점을 콕콕.

④ 

토마토는 빨간색, 패티는
고동색으로, 상추는 초록색으로
칠합니다.

⑤ 

노란색으로 토마토, 패티, 상추의
디테일한 부분을 완성해주세요.

막대사탕

커다란 롤리팝보다 친근한 막대사탕. 막상 그리려고 하면 잘 떠오르지 않죠.
먼저 아이에게 무슨 맛을 원하는지 물어봐 주세요.

밀키는 딸기맛 사탕을 좋아해서
핑크색으로 원을 하나 그려줬어요.

토성 띠를 그리듯 중간쯤에
흰색 젤펜으로 2개의 곡선을 그려주세요.

이제 막대만 그려주면 끝!

먹고 있어도
또 먹고싶은 사탕!

비스킷

추억이 소록소록 비스킷.
아이와 과자를 먹으면서 그려보면 어때요?

①

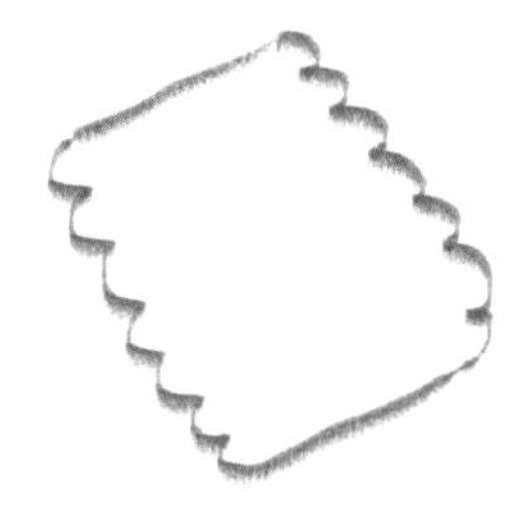

갈색으로 올록볼록한
비스킷 선을 그려주세요.

②

색을 채워 넣고 흰색 젤펜으로
점을 콕콕 박아줍니다.

③

비스킷은 다양한 종류가 있으니 토핑은 원하는 대로 해주세요.
전 치즈가루 같은 노란색 점을 꾹꾹 찍어보았습니다.

응용

- 2개를 겹친 것처럼 가운데 노란 크림을 칠하면 샌드로 응용이 가능해요.

롤케이크

많이 먹어보았지만, 그려본 적은 없다고요?
대부분 동그란 원통형을 상상하지만 아이들은 엄마가 예쁘게 잘라준 한 조각, 그 단면을 보는 경우가 더 많죠.
잘라진 롤케이크 한 조각과 접시를 그려볼까요?

먼저 찹쌀떡 모양을 그려주세요.

껍질을 표현하기 위해
안쪽에 곡선을 그려주고,

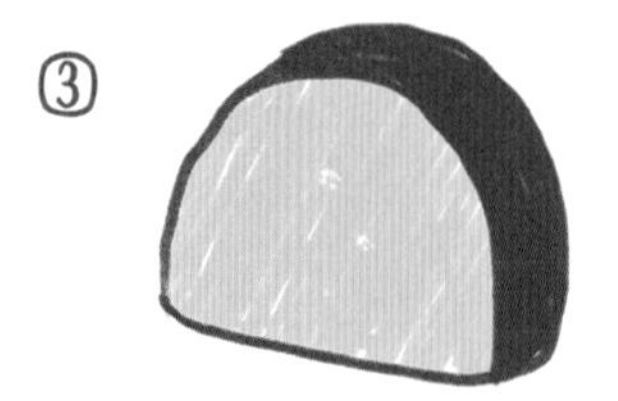

껍질 부분은 갈색으로,
빵은 옅은 노란색으로 칠해줍니다.

잼 부분은 갈색으로
뱅글뱅글 선 모양으로 그려주고,

저는 생크림을 좋아해서 뱅글뱅글 선 위로
한 번 더 겹쳐서 흰색을 칠해줬어요.

띠를 두르듯, 하늘색으로
접시의 곡선을 그려주면 간단하게 끝!

팬케이크

딱 4가지 색으로 먹음직스러운 팬케이크를 그려볼까요?

먼저 노란색으로 빵을 그려요.
타원을 그리는데 조금 손이 부들거려도 괜찮아요.
선이 비뚤어졌다고 속상해하지 마세요.
팬케이크는 원래 올록볼록하잖아요?

②

빵 속을 노란색으로 채워주세요.

③

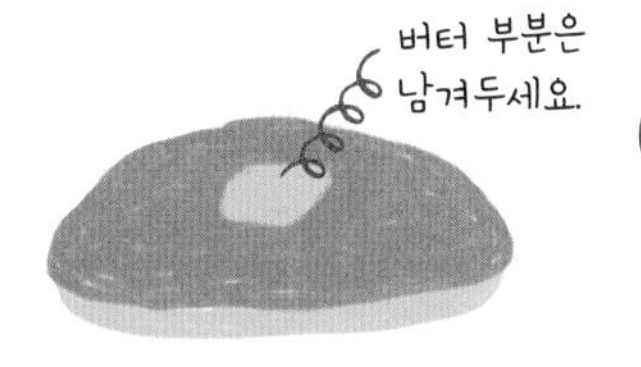

아래쪽 조금을 남기고
주황색으로 위판을 칠해보세요.

④

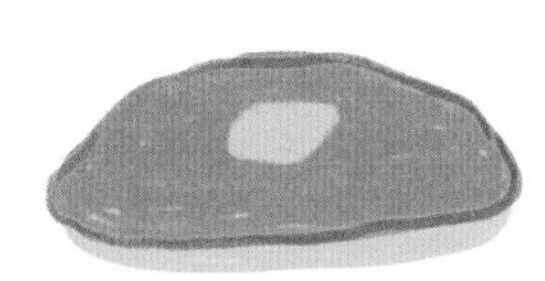

주황색 위판의 외곽을 따라
갈색으로 테두리를 그려주고,

⑤

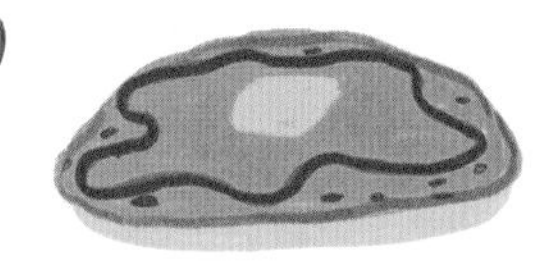

시럽이 흐른 느낌을 표현해주세요.
팬케이크가 완성됩니다.

⑥

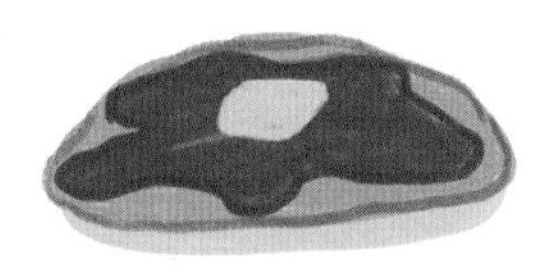

'여기까지만 하면 심심해'
하는 분들은 노릇한 부분,
시럽을 고동색과 갈색으로 칠하면 됩니다.

⑦

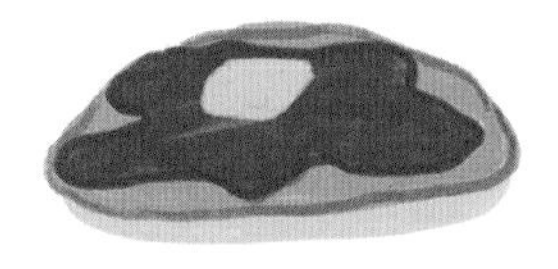

빵 속을 칠했던 노란색을 써서
버터를 올려주고,

⑧

같은 노란색으로
시럽의 빛 부분을
표현해줍니다.

식빵

식빵을 그릴 때는 색연필이나 오일 파스텔을 사용하는 게 편해요.

먼저 식빵의 모양을 한 가지 색으로 그려줍니다.
그릴 때 울록볼록한 부분을 표현해주세요.

②

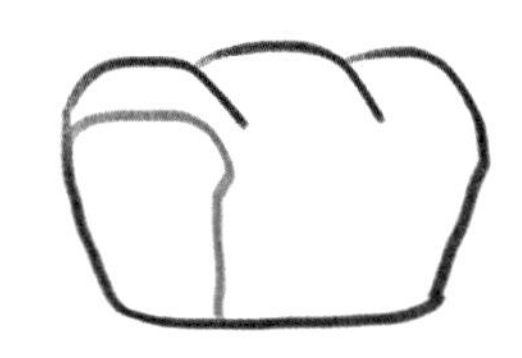

식빵의 단면을 갈색으로 그려주고,

③

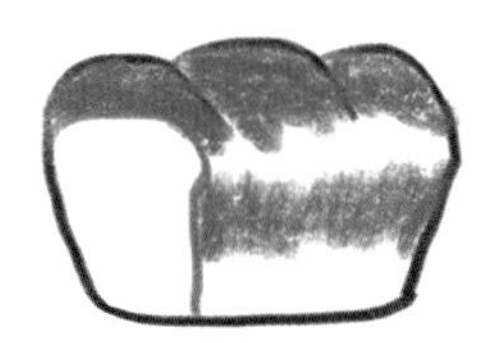

같은 색으로 윗부분과
중간 부분을 칠해요.

④

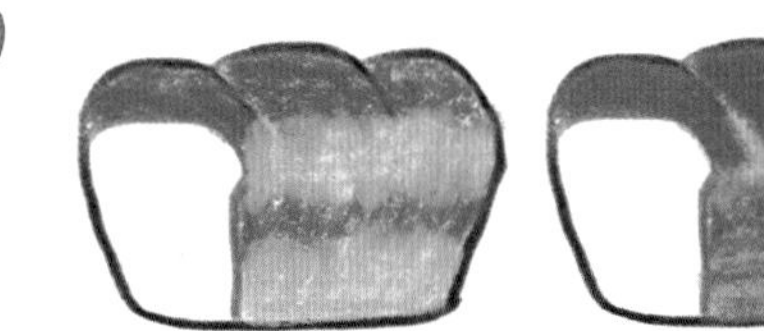

노란색으로 식빵 사이사이를 칠해주세요.
색이 섞여도 좋아요.

⑤

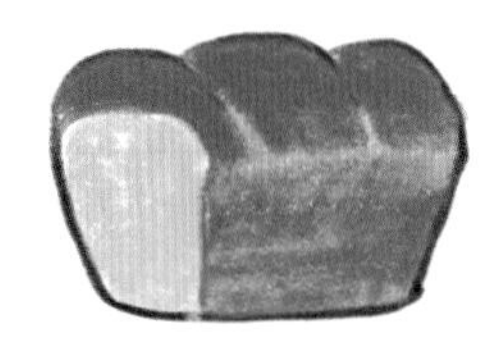

식빵 얼굴 부분을
베이지색으로 칠해줍니다.

⑥

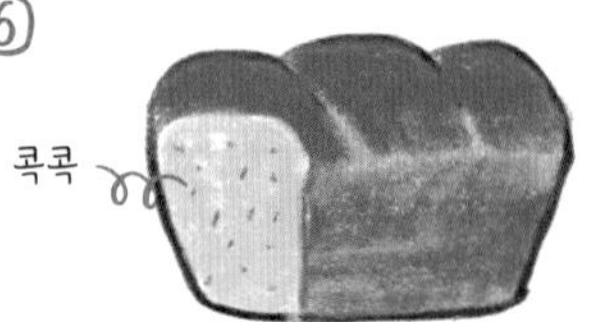

갈색 점을 찍어
맛있음을 표현해주세요.

초콜릿

가게에서 흔히 살 수 있는 네모난 판 초콜릿을 그려볼까요?

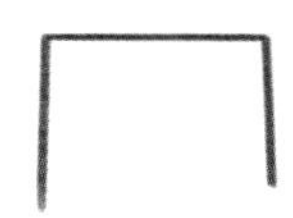

먼저 네모를 위로 그려주세요.
판 초콜릿 윗부분입니다.

중간에 초콜릿 포장지
벗긴 모양을 그려줍니다.

아래쪽을 네모로 그려주세요.
이 부분은 초콜릿 포장지가 됩니다.

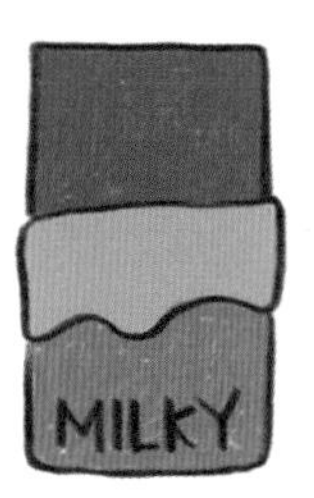

은박지는 회색, 초콜릿은 갈색,
포장지는 주황색으로 칠해줬어요.

위쪽 초콜릿 부분에
검은색으로 네모를 그려줍니다.

흰색으로 빛을 약간 표현해주면
더 입체감 있는 초콜릿이 됩니다.

피자

아이들이 좋아하는 피자, 각자 좋아하는 피자가 있겠지만
가장 대표적인 콤비네이션 피자를 한번 그려볼게요.

①

먼저 삼각형을 그려주세요.

②

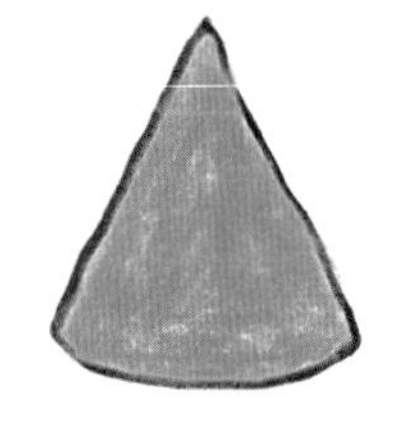

노란색으로 빵을 칠해주고,

③

주황색으로 페퍼로니를
동그랗게 칠해주세요.

④

갈색으로 점점점,
고기를 표현해주고요.

⑤

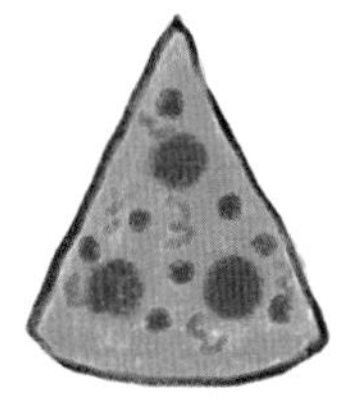

파프리카는 '3' 모양으로
빈 공간에 그려주면 됩니다.

⑥

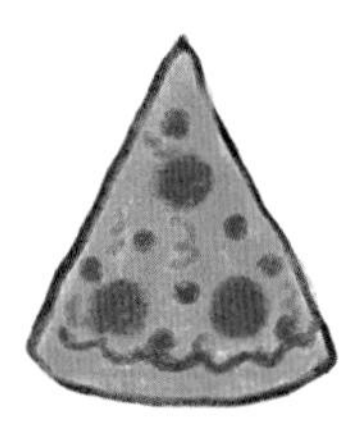

마지막으로 갈색으로 피자 빵 부분을
울록불록하게 그려주면 따끈한 피자 완성!

파스타

'면' 그리는 걸 어려워하는 분들이 많죠. 이제 그런 고민 끝!
라면, 우동, 국수 등 여러 면 요리에 응용해보세요.

① 

귤색으로 바다 물결 같은
곡선 3개를 그려주세요.

② 

아래에 대칭으로
곡선 3개를 그려주고,

③ 

나머지 빈 공간에도 적당히
곡선을 그려 면을 표현해주세요.

④ 

면을 둘러싸고 접시를 그립니다.

⑤ 

중간중간 빨간색으로
토마토를 그려주고,

⑥ 

초록색으로 바질도 그려줬어
요.

포크로 돌돌 만
파스타를 표현해보세요.

아주 쉬운 방법

- 그냥 구불구불 선을 그려주고 검은색으로 후추를 뿌려주면 끝나요.

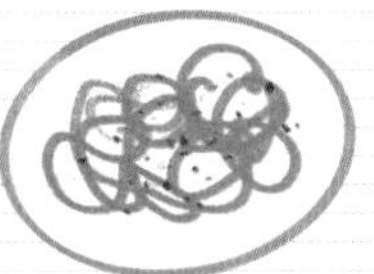

오므라이스

한 가지 색으로 칠하면 밋밋해 보일 수 있어요. 밑색을 먼저 칠해서, 조금 더 풍성하게 그려봐요!

①

말랑한 모자 하나 그린다고
생각하고 선을 그려주세요.

②

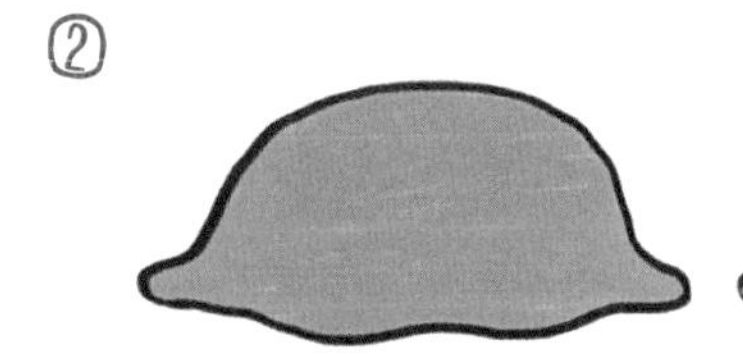

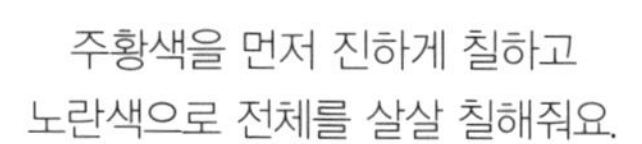

주황색을 먼저 진하게 칠하고
노란색으로 전체를 살살 칠해줘요.

③

위에 빨간색으로
케첩도 진하게 그려줍니다.

④

검은색으로 접시를
그려주고 마무리합니다.

오렌지주스

아이들이 자주 마시는 주스, 조금 맛깔나게 그리는 법, 알려드릴게요.

①

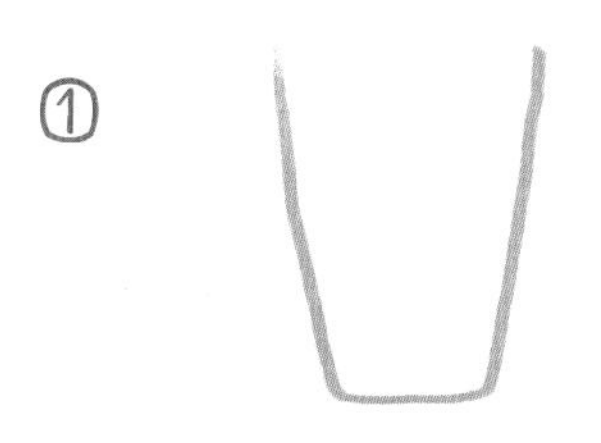

먼저 하늘색으로 컵을 그려줍니다.

②

컵 안에 주스 분량을
주황색으로 잡아봅니다.

③

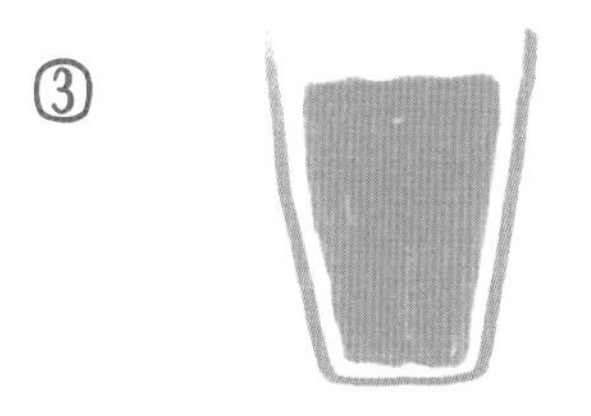

주스 부분을 주황색으로 채워주고,

④

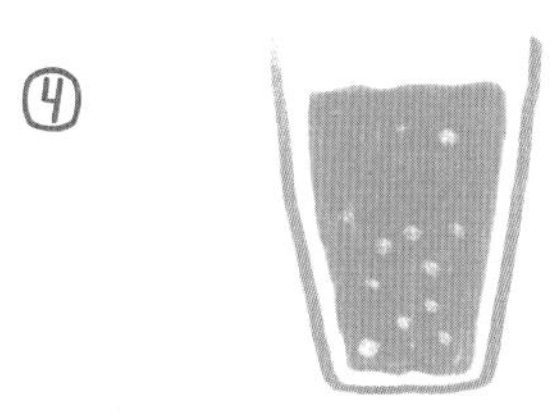

흰색으로 기포도 그려주세요.

⑤

빨대는 중간을 끊어서 그려주세요.

⑥

빨대 중간 빈 부분을 연결해서
컵의 윗면을 그립니다. 흰색으로
컵의 빛 반사를 그려주면 끝.

밥

매일 먹는 밥, 어떻게 그릴까요?

①

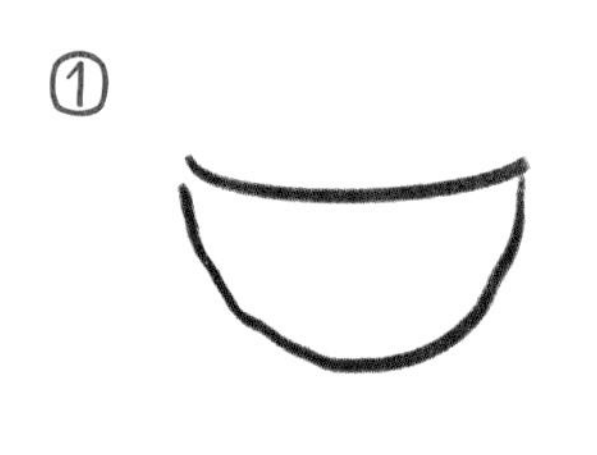

먼저 그릇을 그려줍니다.

②

보글보글 선을 그려
밥을 표현해주고,

③

그릇을 칠해보세요.
저는 하늘색으로 채웠어요.

④

밥알을 하나하나 그리기보다
톡톡 점을 찍어주면 간단하게 완성!

⑤

옆에 숟가락 하나 그려주면
더 자연스러워 보입니다.

김밥

자주 먹는 음식이지만, 막상 그리려 하면 뭐부터 그려야 할지 생각이 안 나죠.

먼저 김부터 그려볼게요.
검은색 원을 좀 두껍게 그려주세요.

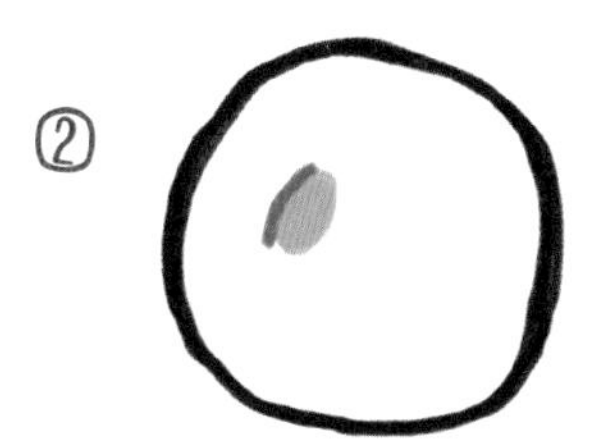

오이의 겉 껍질은 진한 초록색,
속은 연두색으로 그려주세요.

③

계란말이는 노란색, 당근은 주황색,
갈색은 고기, 분홍색으로는
맛살이나 소시지를 표현할 수 있어요.

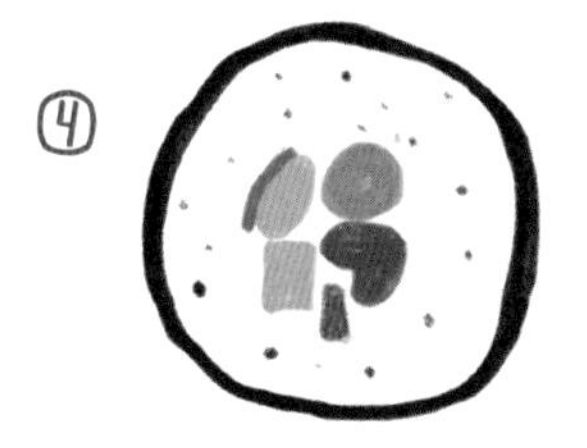

밥알은 콕콕 점을 찍어 표현하고,

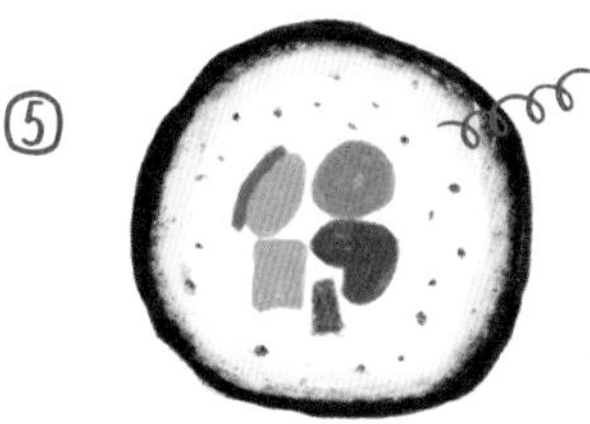

면봉을 이용하면 좋아요.

검은색 김 안쪽에
흰색이나 회색을
덧칠해서 번지게 해주세요.

만두

샤오롱바오 같은 만두를 몇 개의 선만으로 간단히 그려볼게요.

①

먼저 봉긋한 3개의 곡선을
그려주세요.

②

아래 선을 그려
만두 외관을 완성하고,

③

사선으로 윗선에 이어
접힌 부분을 표현해주면 끝!

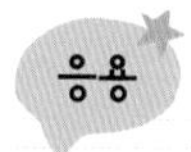

- 얼굴까지 그리면 생기 넘치는 만두가 되죠!

송편

그리기 어렵지 않지만 부드러운 곡선의 마름모 형태를 그리는 게 중요해요.
송편은 여러 가지 색으로 그리는 게 예뻐서 초록색, 노란색, 보라색으로 그려봤습니다.

①

양옆의 꼭지는 좀 뾰족하고
위아래는 둥근 마름모를 그려주고,

②

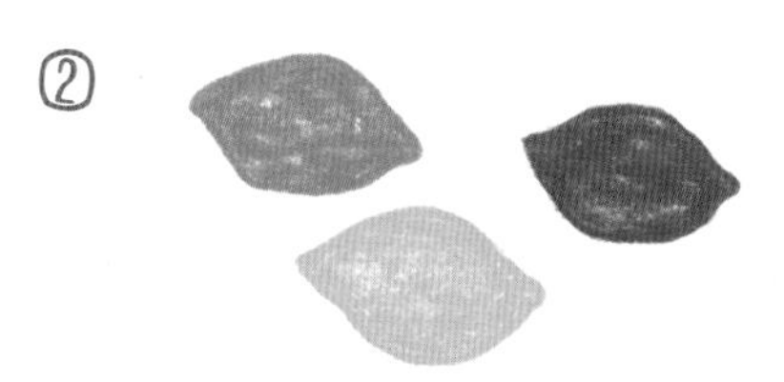

각 선의 색상대로 칠해줍니다.

③

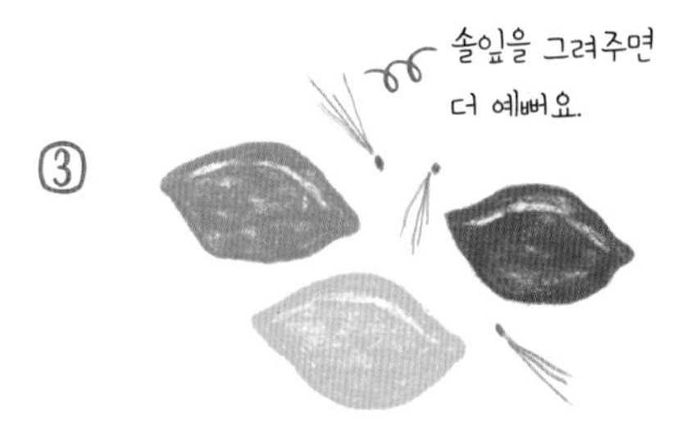

흰색으로 반달 모양을 그려
접힌 부분의 빛도 표현해주세요.

먹고 싶은 빵, 음식을 아이와 함께 그려보세요

아이가
마주하는 자연물,
그림으로 옮겨보자

무지개

밀키는 네 살이 되면서 무지개를 무척 좋아하게 되었어요. 빨주노초파남보 색을 차곡차곡 쌓아도 좋지만, 아이가 평소 좋아하던 네댓 가지 색으로 간단히 구성해볼 수도 있어요.

①

좋아하는 색을 골라
반원으로 쌓아줍니다.

②

무지개 양쪽이 삐뚤빼뚤하다면
구름을 그려 보완해줍니다.

③

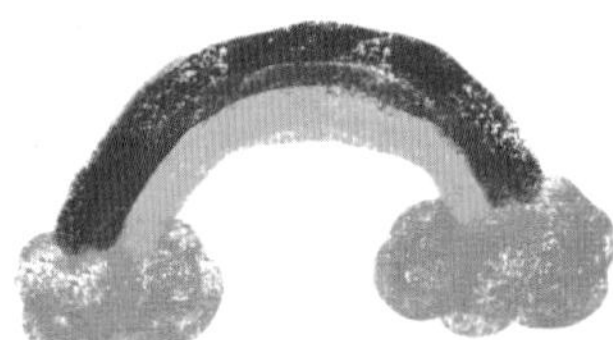

색상은 완전 자유롭게!

구름

구름을 그리는 게 어렵다면? 이런 방법을 써보세요.

달님

'숲속에서의 캠핑(141쪽)'을 그릴 때, 달님을 조금 친근하게 그리고 싶었어요.
할머니, 할아버지 같은 느낌의 달님을 그려보았죠. 어떻게 그리는지 살짝 알려드릴게요.

①

노란색 선으로
둥근 곡선을 그려줍니다.

②

중간을 남겨두고 선을 이어주고요.

③

코가 될 부분을
살짝 구부려서 그려주세요.

④

노란색으로 색을 칠해주고,

⑤

눈과 입을 그립니다. 이때 원하는
달님의 표정을 한번 그려보세요!

단풍잎

가을이 되면 제일 먼저 생각나는 나뭇잎이지만 그리기는 쉽지 않아요.
단풍잎을 쉽게 그리는 법을 알려드릴게요!

먼저 빨간색 색연필로
3장의 잎을 그려주세요.

②

양옆으로 나란히 2장을 더 그려줍니다.
주의할 점은 끝이 중심점으로
모두 모이게 그리는 것입니다.

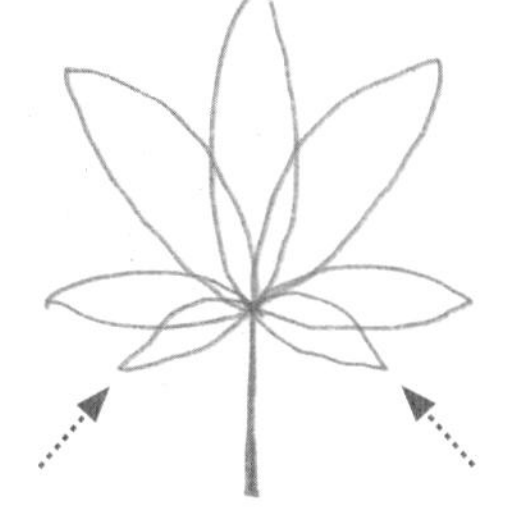

마지막으로 가장 작고
아래로 향한 잎 2장을 그려줘요.

빨간색으로 색을 채워주고 나서,

흰색 젤펜으로 가운데 선을 그려주세요.

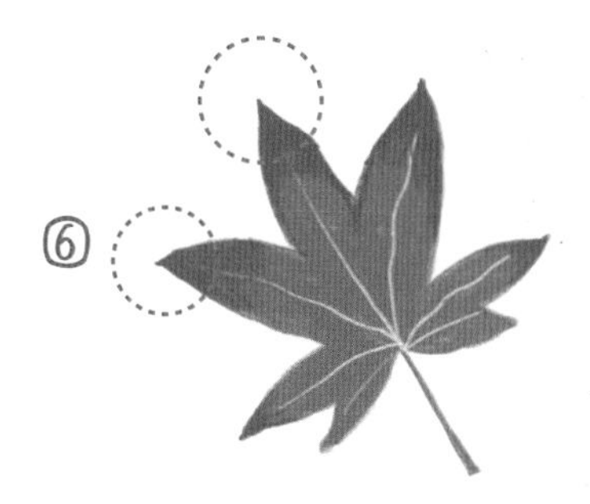

끝을 조금 더 어두운 색으로 덧칠해주면
더욱 사실적인 단풍잎이 되죠!

해바라기

해바라기를 실제로 보면 무척 복잡하게 생겼지만, 단순화해서 그리는 것은 그리 어렵지 않아요.

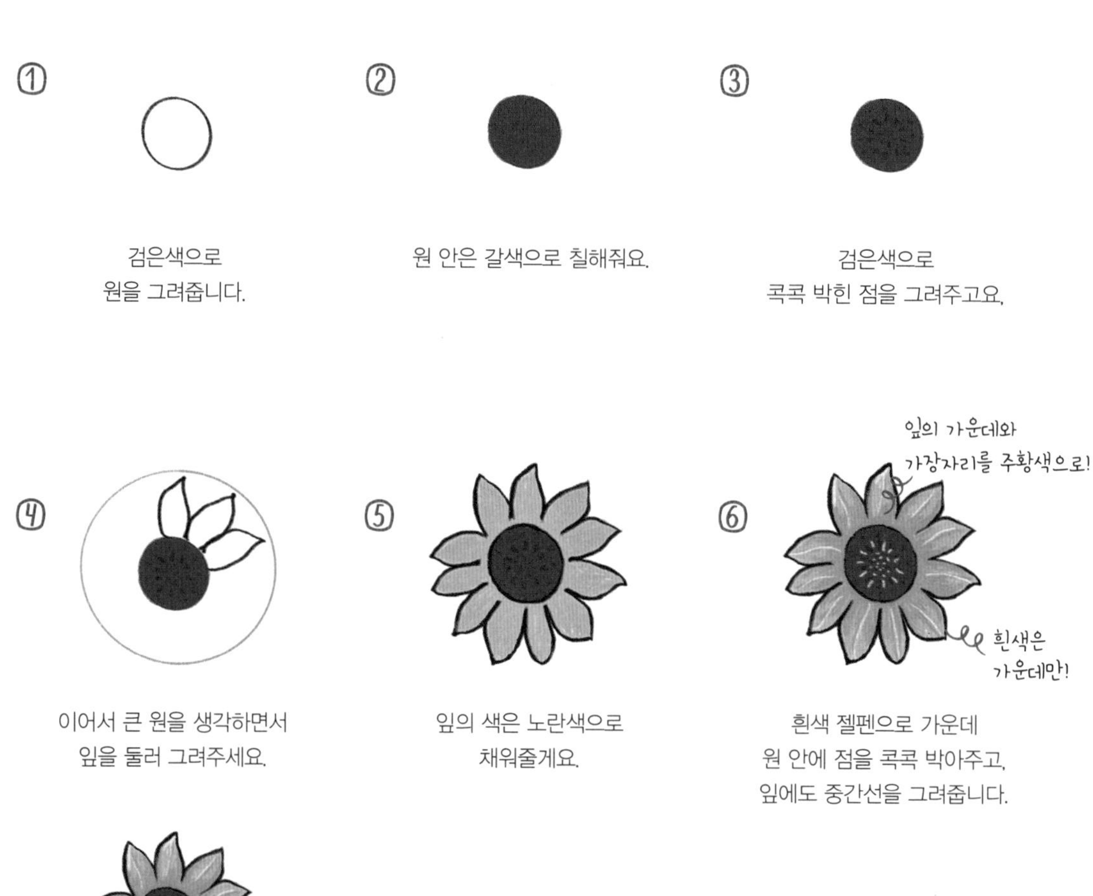

① 검은색으로 원을 그려줍니다.

② 원 안은 갈색으로 칠해줘요.

③ 검은색으로 콕콕 박힌 점을 그려주고요.

④ 이어서 큰 원을 생각하면서 잎을 둘러 그려주세요.

⑤ 잎의 색은 노란색으로 채워줄게요.

⑥ 흰색 젤펜으로 가운데 원 안에 점을 콕콕 박아주고, 잎에도 중간선을 그려줍니다.

⑦

긴 줄기와 잎을 초록색으로 그리면
키가 큰 해바라기 완성!

대나무

대나무 숲에 한번 가봤다면, 이 나무를 사랑하지 않을 수 없죠! 바람에 흩날리는 대나무 소리, 매끈한 줄기, 그리고 은은한 대나무 냄새를 떠올리며 아이와 대나무를 그려보세요!

① 초록색 기다란 네모를 그려주세요.

② 색을 채워주세요.

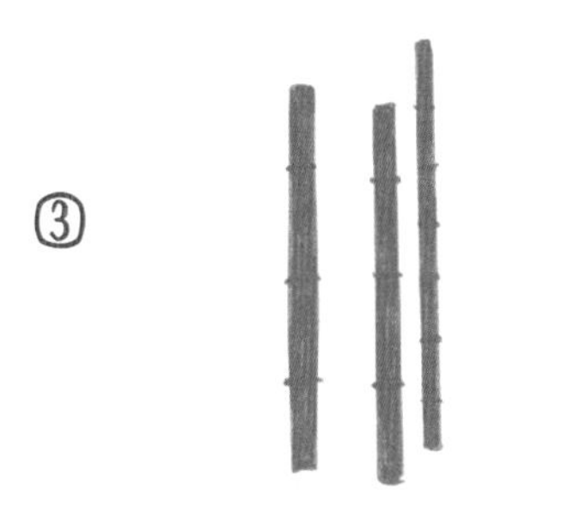

③ 중간중간 선을 가로로 그어주세요.

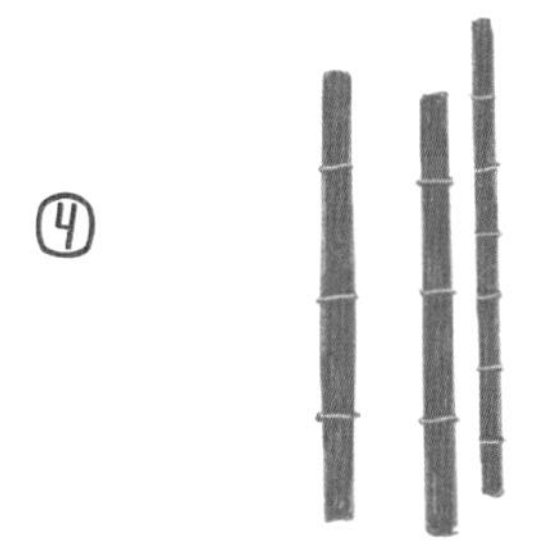

④ 흰색 젤펜으로 가로로 그은 선 중간에 한 번 더 그어주세요.

⑤ 뾰족한 잎을 한 줄기당 2~4장씩 그려주세요.

나무

프로 일러스트레이터들도 자연물을 항상 관찰하고, 그리는 법을 다양하게 연습합니다.
특히 나무를 그리는 방법은 정해져 있지 않아요.
자기만의 나무를 그리는 방법을 배워볼게요.

나무는 잎이 넓고 많은 나무, 가지가 앙상한 나무, 잎이 뾰족한 나무, 단풍이 든 나무, 열매가 달린 나무 등등 셀 수도 없이 많아요. 그런 나무들을 생각하면서 동글동글 선과 뾰족뾰족 선으로 그려보고, 초록색뿐 아니라 주황색, 노란색 등 다양한 색상으로도 시도해보세요.

자유롭게 나무를 그려보세요

덤불

덤불의 형태 또한 다양해요. 가장 쉽고 단순한 덤불부터 조금 변형된 디자인의 덤불까지 그려볼게요.

①

꼬불꼬불 초록색 선으로 그려주고,
연두색으로 채운 덤불.

②

뾰족뾰족하게 옅은 초록색으로 칠해주고,
가운데 초록색 선으로 그려준 덤불.

③

다양한 초록색과 분홍색으로
칠해준 덤불.

다양한 모양의 덤불을 그려보세요!

산

산을 그리면서 '이렇게 그리면 참 쉽죠?'하는 밥 로스가 생각났어요.
붓으로 쓱쓱 그리는데 사진처럼 정교한 산이 짠!
우리 앞에 놓여 있는 것은 그저 아이의 크레용과 색연필, 볼펜 정도이니
훨씬 쉬우면서 단순하게 산을 그리는 법을 제가 알려드립죠!

①

세모를 그립니다.

②

지그재그 선을 가운데 그려줍니다.

③
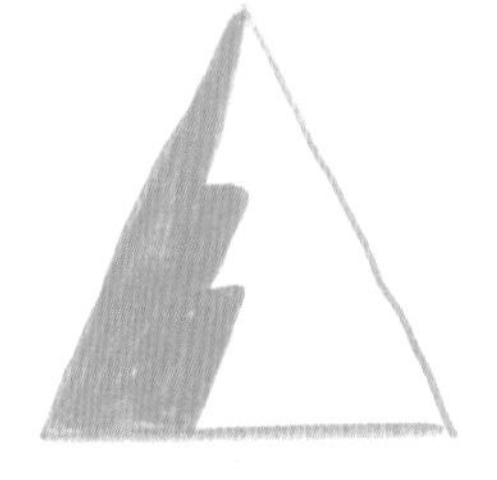

한쪽은 회색이나
연필로 채우고,

④

빛을 받는
입체적인 산이 그려졌어요.
참 쉽죠?!

다른 한쪽은
하늘색으로 칠해줍니다.

장미

제가 가장 즐겨 그리는 꽃은 바로 장미예요. 그리는 재미가 있거든요.
여러분도 그 재미를 느껴보시길!

①

빨간 동그라미를 그려주세요.

②

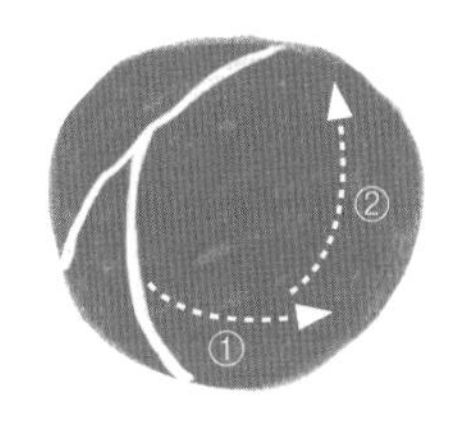

흰색 젤펜으로 흰 선을 그려줍니다.
그린 선의 중간 부분에서 시작해요.

③

가운데는 동그라미를
그려주면 됩니다.

④

이대로 둬도 좋지만,
저는 가장자리의 꽃잎을
삐죽삐죽하게 덧칠해주었어요.

⑤

장미 잎사귀는 뾰족해요.
옆에 그려주면 훨씬 예뻐요.

코스모스

여리여리한 코스모스는 의외로 기하학적으로 생겼어요!

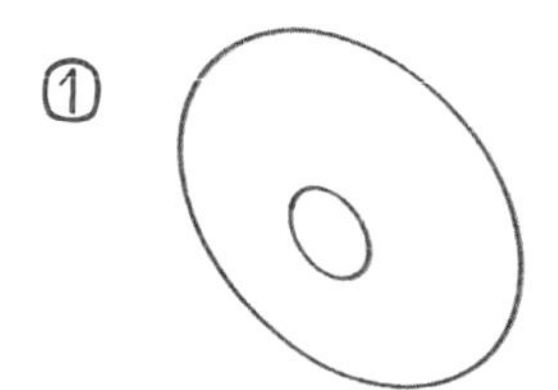

연필로 흐리게 원 2개를 그려줍니다.
안쪽 원은 조금 왼쪽으로
치우치게 그려주세요.

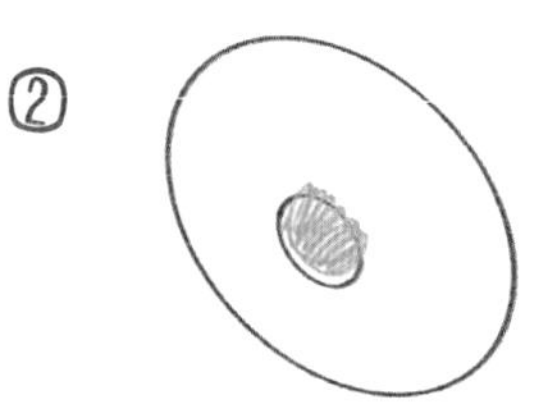

가운데에 노란색으로
꽃술을 그려줍니다.

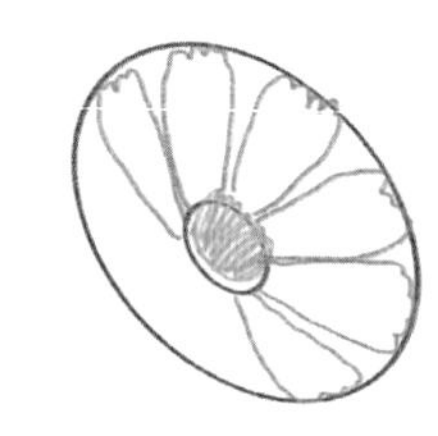

분홍색 색연필로
끝이 뾰족한 잎을 둘러줍니다.

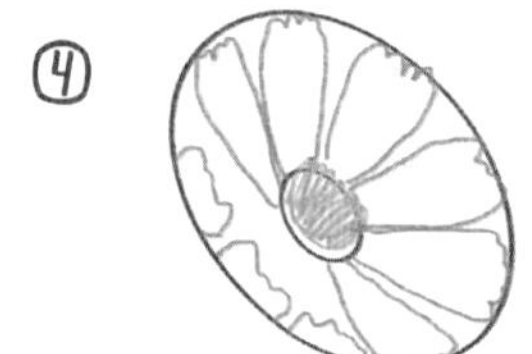

앞쪽 잎은 끝만 그려주세요.

중간 원에 ④를 이어주세요.

끝에서부터 분홍색을
조금 칠해주고 면봉으로
번지게 해보세요.

예쁜 그러데이션
코스모스 완성!

튤립

아이에게 꽃을 그려달라는 요청을 받으면…….
그럴 때 가장 쉽게 그릴 수 있는 튤립을 그려주세요.

①

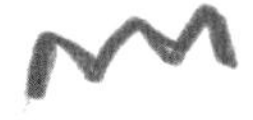

튤립을 그려볼게요.
윗부분에 뾰족 솟은 3개의
물결을 그려주세요.

②

아래쪽으로 달걀 모양으로
꽃봉오리를 그려주세요.

③

같은 색으로 속을 채워줍니다.

④

초록색으로 줄기와
길쭉한 잎 하나를 그려주세요.

⑤

다른 색의 튤립을
무리지어 그려주면 더 예쁘고
풍성해보여요.

여러 가지 꽃과 나무가 어우러진 풍경을 그려보세요

아이가 탄 것들,
타보고 싶은 것들을
그려보자

자동차

자동차! 보기는 많이 봤는데 막상 그리려면 어디서부터 손을 대야 할지 막막한가요?
자동차를 단순하게 그리는 방법, 지금부터 알려드릴게요.

①

직사각형을 그려주세요.
저는 빨간색으로 칠해줄 거라
빨간색으로 선을 그렸어요.

②

앞뒤로 볼록하게
튀어나온 부분을 그려줍니다.

③

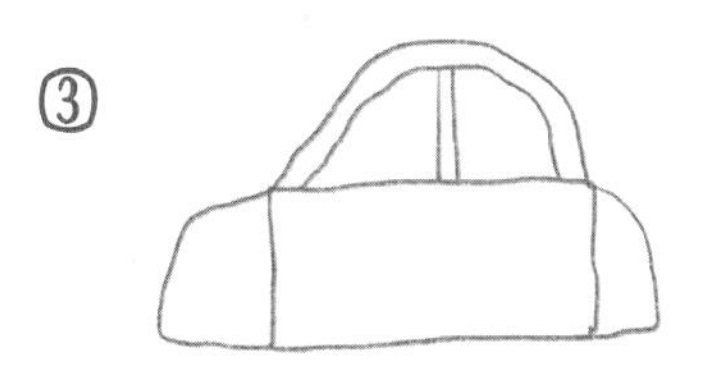

산같이 솟아오른 부분도 그려주고,
창문도 연결해주세요.

④

헤드라이트 부분을 남기고
③의 자동차 전체를 칠해주세요.

⑤

검은색으로 바퀴, 문, 라이트,
핸들 등을 선으로 그려주면 끝!

버스

만화주인공으로 등장해서 아이들의 사랑을 담뿍 받는 버스! 그렇지만 그리는 것은 별개의 문제로다~
미소 가득한 버스를 가볍게 그려볼까요?

①

직사각형을 그려줍니다.
1/3정도 되는 지점에 선을 그립니다.
이게 버스 앞부분이 될 거예요.

②

버스는 문이 2개죠. 앞문, 뒷문을 먼저 그리고
사이사이 창문을 그려주세요.

③

앞부분도 창문과 번호판 부분을
그려주면 됩니다.

④

저는 파란색으로 칠해보겠습니다.
아래 번호판은 노란색, 윗부분 버스 번호
부분은 검은색으로 채웠어요.

⑤

창문을 하늘색으로 꾸며주고,
핸들도 그려 넣었습니다.

자전거

자전거는 탈것 그림 중에 가장 그리기가 어려워요. 그렇지만 한번만 익혀두면 수월하게 그릴 수 있답니다.
상세한 묘사를 무시하고 선으로만 그리는 너무나 쉬운 자전거!

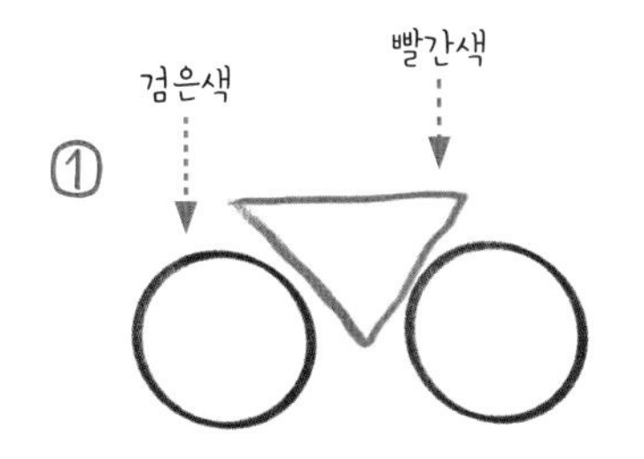

동그라미 2개!
가운데 역삼각형을 그려주세요.

앞바퀴의 중심과 연결되는
손잡이를 그려주세요.

역삼각형 오른쪽 꼭지점에는
안장과 뒤축이 위치하고요

아래 꼭지점에는 페달을 그려주세요.

이제 손잡이 부분이나 바퀴,
바구니 등 추가하고 싶은 것들을
검은색 선으로 추가하면 됩니다.

씽씽카

자전거가 어렵다면 아이들이 무척 좋아하는 씽씽카를 그려보세요. 단순한 구조라 그리기 쉽답니다.

①

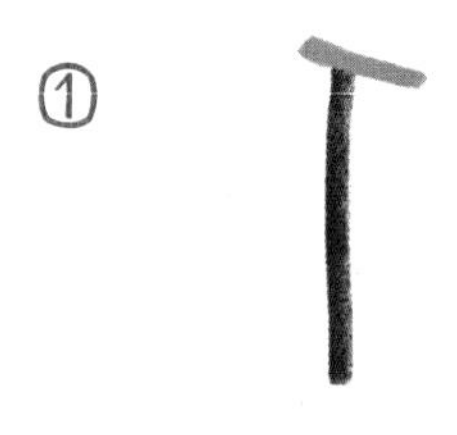

먼저 손잡이를 그려줍니다.
T자를 생각하면 쉬워요.

②

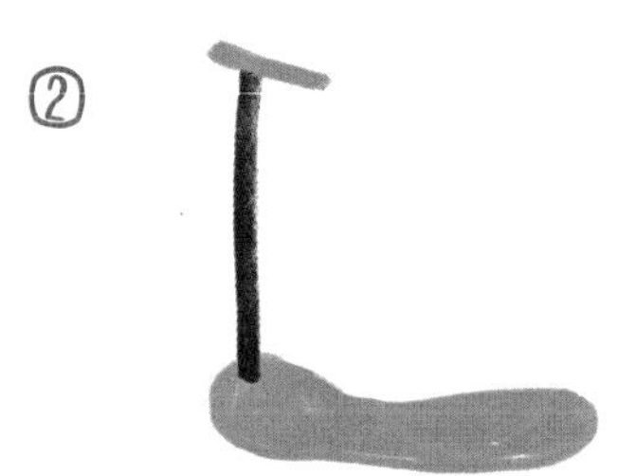

발판은 조금 긴
타원형으로 그려주세요.

③

바퀴는 앞에 2개, 뒤에 1개를 그렸어요.
앞뒤 각각 1개씩 그려도 됩니다.

트럭

보기보다 그리기 쉬운 트럭! 우리나라에서 흔히 볼 수 있는 트럭을 그려볼게요.

①

파란색 선으로 2개의 도형을
따라 그려보세요.

②

트럭은 앞부분에 창문 2개가 있어요.
바퀴도 그려주세요.

③

창문을 제외하고 파란색으로
칠해줍니다.

④

헤드라이트는 노란색으로 칠하고,
검은색으로 문과 핸들을 그리고 짐 싣는
부분에 줄 3개를 그어줬어요.

⑤

책에 나오는 동물을
여기에 함께 그려보세요!

요트

복잡한 구조의 요트도 많지만 우리는 매우 심플한 요트를 그려볼 거예요.

①

아래가 동그란, 배 밑부분을 그려주세요.
저는 검은색 선으로 그렸어요.

②

중간에 기둥이 하나 있고 양쪽으로
크기가 비슷한 돛을 그려줍니다.
삼각형 2개를 생각해주세요.

③

아랫부분은 하늘색으로 칠해줍니다.

④

요트 데크 부분은 검은색으로 칠하고
빨간색으로 돛 아랫부분,
깃발을 그려주세요.

⑤

바닷물, 갈매기 등
취향에 맞춰 추가해보세요!

기차

칙칙폭폭, 아이들에게 친근한 기차. 처음부터 너무 긴 기차를 그리면 힘들어요.
짧은 기차부터 시작해서 아이와 하나씩 늘려가 보세요.

①

맨 앞쪽의 기차는 곡선으로 그리고
검은색 선으로 직사각형을 연달아 그려줍니다.

②

창문과 바퀴를 추가해주세요.

③

창문은 하늘색, 바퀴는 검은색으로 칠합니다.

④

아이가 더 긴 기차를 원하면,
길게 길게 그려보세요!

아이와 함께 기차 몸체를 알록달록,
원하는 색으로 칠해줍니다.

경찰차

자동차는 앞서 측면을 그려봤기 때문에, 전면을 그려보는 연습도 해볼게요.
어려울 것 같다고요? 겁먹지 마세요!

①

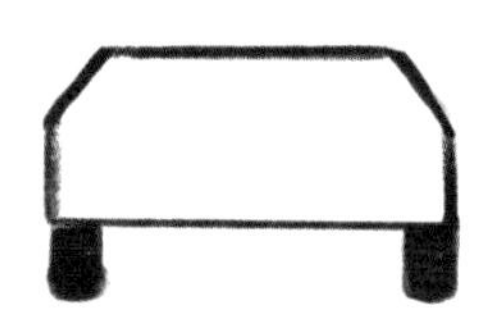

검은색으로 사다리꼴을 먼저 그려주세요.
아래에 바퀴 2개를 그려줍니다.

②

앞부분에 네모난 헤드라이트,
번호판도 그려줍니다.

③

조금 더 작은 사다리꼴을 위에
그리면 앞 유리 완성!
귀처럼 튀어나온 사이드미러도 그려주세요.

④

경찰차는 역시 삐뽀삐뽀, 라이트가 있어야죠.
파란색과 빨간색으로 채워주세요.
보닛에도 파란색 무늬가 있습니다.
따라 그려주세요! 경찰차 완성!

소방차

빨간색 소방차는 어린이의 영웅이죠.
소방차 한번 잘 그리면 엄빠도 영웅이 될지도요?

①

빨간색 선으로 트럭처럼
2개의 도형을 그립니다.

②

앞부분에는 창문 2개, 뒷부분
직사각형에는 119를 그려 넣습니다.

③

창문과 119 선 바깥 부분은
모두 빨간색으로 칠해주세요.

④

검은색 선으로 문을 앞부분에만 그려줍니다.
소방차는 문이 2개예요.
검은색을 든 김에 바퀴도 그려주세요!

⑤

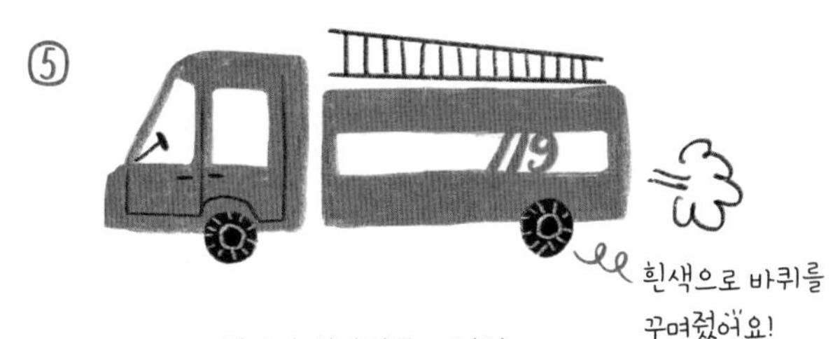

핸들과 사다리를 그리면
소방차 그리기 끝!

구급차(앰뷸런스)

위급한 환자를 태우고 달려가는 구급차, 최근에 디자인이 바뀌었어요.
구급차는 둥글둥글하고 의외로 그리기가 까다로워요. 선을 자세히 보고 따라 그려주세요!

①

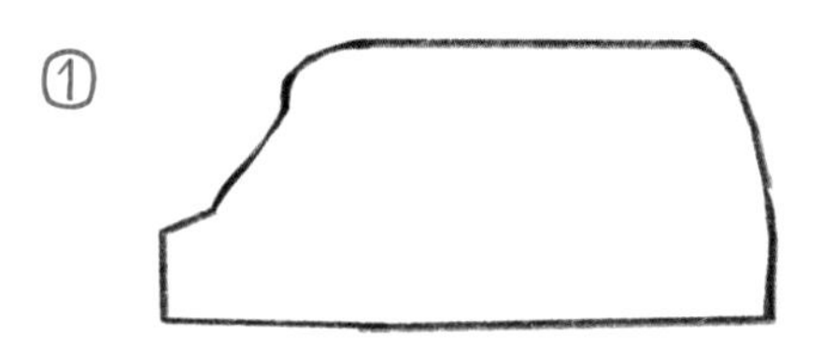

앞부분에 3번의 굴곡이 있어요.

②

바퀴를 그려주고,

③

창문과 앞의 헤드라이트,
삐뽀삐뽀 라이트 부분을
검은색으로 그립니다.

④

헤드라이트와 번호판 부분까지만
노란색으로 채웁니다.
창문은 하늘색으로 칠했어요.

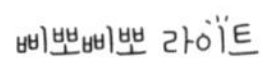

⑤

빨간색으로 중간 선을 길게 그려주고,
119라는 표시와 삐뽀삐뽀 라이트를
칠해줍니다.

⑥

앞부분에 문을 그려주면 완성!

잠수함

물고기와 비슷한 잠수함, 아이들에게는 신기한 존재예요.
상상력을 얼마든지 발휘할 여지가 있기 때문에 채색은 자유롭게 아이에게 맡겨보세요!

물고기처럼 유선형으로 선을 그려줄게요.

3개의 동그란 창문을 그려주고요.

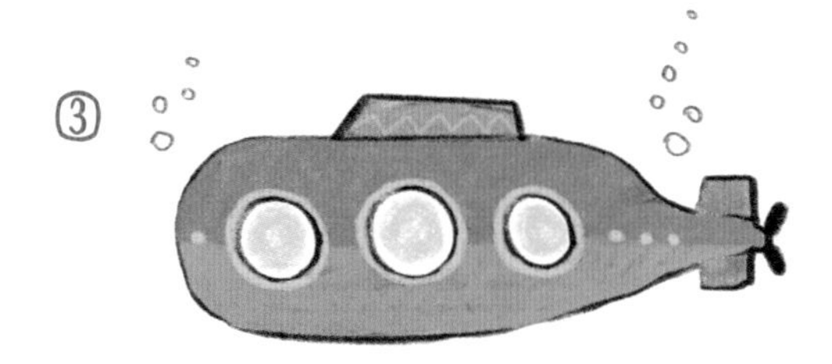

저는 윗부분을 초록색, 아랫부분을 민트색으로 칠하고
창문은 노란색으로 꾸며봤어요.
흔히 볼 수 없는 것인 만큼
아이와 마음껏 잠수함을 꾸며보세요!

로켓(우주선)

우주에 대한 호기심이 발동할 나이에는 함께 로켓을 그려보세요.
로켓도 잠수함과 비슷하게 채색할 때 좋아하는 색을 마음껏 활용해볼 수 있어요.

①

옥수수 같은 검은색 선을 하나 그려주세요.

②

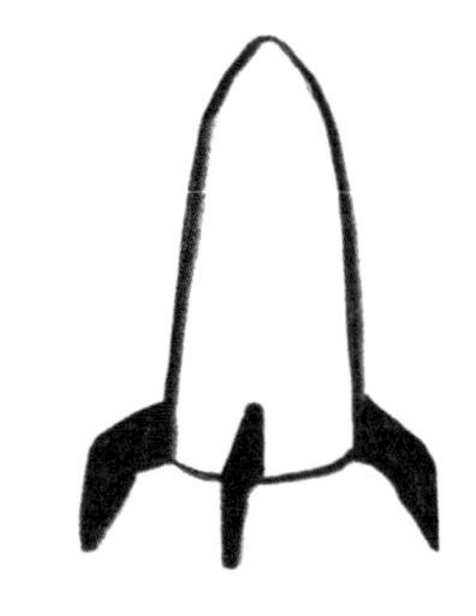

날개 부분을 3개 그려줍니다.
땅에 닿는 끝은 뾰족해요.

③

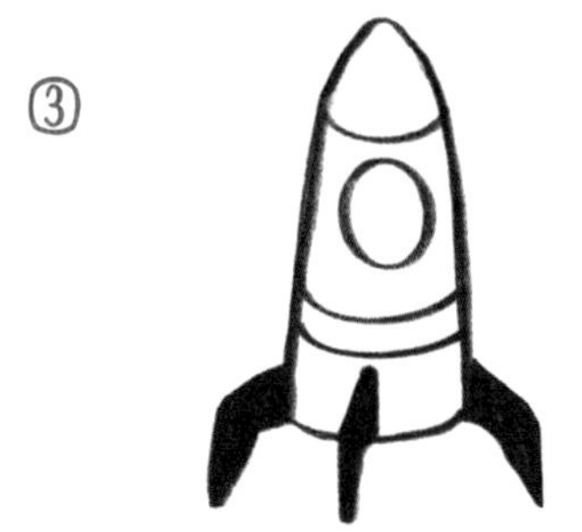

창문과 선들을 그려주고,

④

로켓도 잠수함과 비슷하게,
채색할 때 좋아하는 색을
마음껏 칠해보세요.

비행기

밀키는 공항에 가면 유리창에 붙어 비행기 구경하기 바빠요.
비행기 안에서 비행기를 그리는 것도 좋겠죠?

①

비행기는 먼저 윗부분의 곡선을
검은색으로 그려주세요.

②

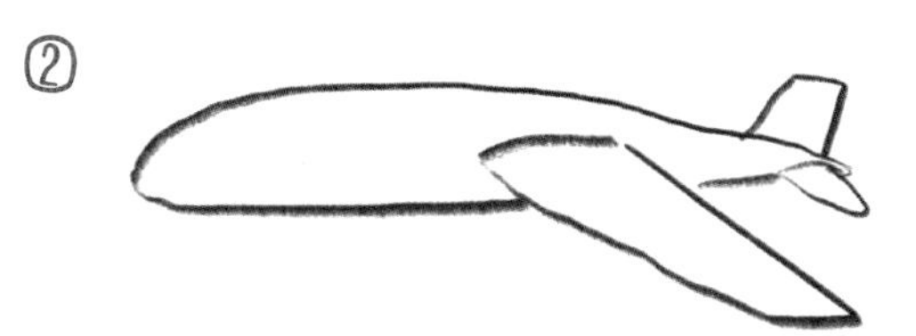

중간 부분에 주 날개,
끝부분에 꼬리 날개를 그려줍니다.

③

창문과 날개 밑 엔진과 바퀴를 그려줘요.

④

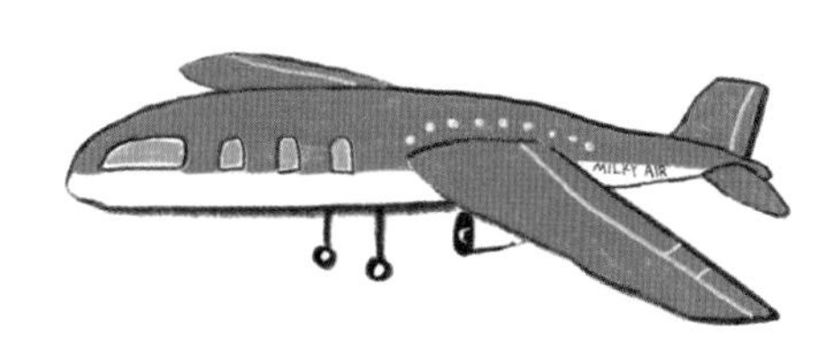

색칠을 날개 있는 절반까지만 합니다.
창문은 하늘색으로 꾸며줄게요.
흰색 젤펜으로 날개와 꼬리의 선을 표현하면
훨씬 사실적으로 보입니다.

⑤

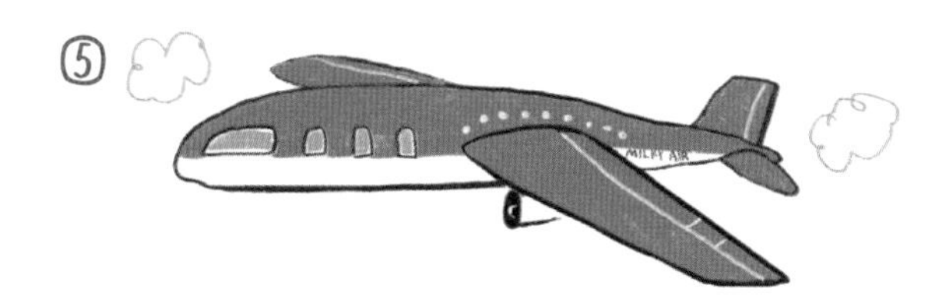

비행기는 날 때는 바퀴를 접습니다.
하늘을 나는 비행기를 그릴 때는
바퀴를 생략해주세요.

인라인스케이트, 우리집 자동차 등 다양한 탈것을 그려봐요

아이가
좋아하는 동물은
디테일을 강조하자

참새

평소 가장 흔히 보는 새지만 그리는 것은 꽤 어려워요.
새를 쉽게 그리는 공통적인 방법을 알려드릴게요.

①

새는 사선을 먼저 그려주세요.
선과 겹친 원을 밑그림으로 옅게
그려놓으면 그리기 편해요.

②

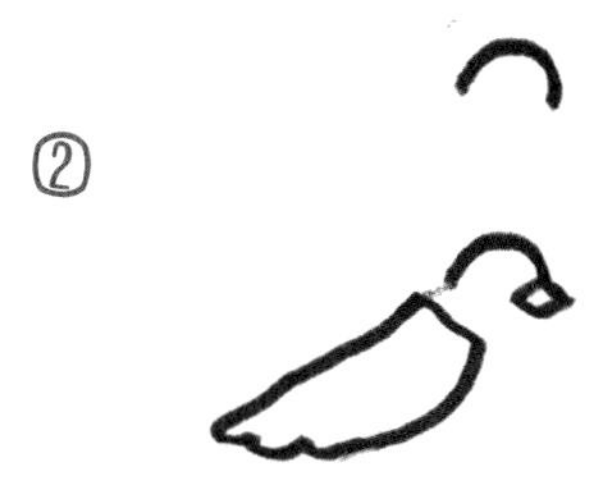

머리 부분을 봉긋하게 그리고 나서
마름모 모양의 부리를 그려요.
사선에 맞춰 날개를 그리고,

③

머리 원보다 세 배 정도 크게
몸통을 그리고 꼬리, 다리를 그려주세요.

④

참새는 갈색이니
날개와 머리 위쪽만 칠해줄게요.

⑤

검은색으로 꼬리와 볼의 점,
날개 부분을 장식해주면 참새 완성!

고양이

아이 곁에서 연필 소묘를 하는 게 아니기 때문에 아이가 '와! 고양이다"라고 인지할 수 있을 정도로 포인트를 잡되 '그림책에 나올 정도'로 귀여운 일러스트를 그려볼게요.

①

삐죽 나온 고양이 귀를 먼저 그리고,

②

오른쪽으로 조금 비뚤어지게
몸통을 그려줄게요. 꼬리도요.

③

눈과 코를 일직선으로
찍으면 귀여워요.

④

다리는 뒷다리의 반원 곡선이 포인트예요!
그런 다음 얼굴을 꾸며보세요.

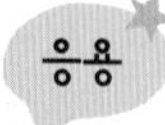

- 고양이에 땡땡이 무늬를 넣거나 털을 표현하는 법을 알려드릴게요.
- Dot 패턴 검은색으로 고양이 몸의 굴곡과 간격을 생각하며 동그란 무늬를 그려주세요

  Fur 패턴 갈색과 주황색을 번갈아서 털을 한 방향으로 그려주세요.

  Stripe 이도 저도 어렵다면 회색으로 세 줄을 등에 그려넣어 주세요.

  Color 흔히 볼 수 없는 색상을 넣어도 좋아요.

키우고 싶은 고양이를 그려볼까요!

강아지

종류가 참 많죠. 귀엽고 간단하게 강아지 그리는 법을 배워봐요.

①

'ㄴ'의 끝에 코가 있어요.
귀 모양은 곡선으로 그려도 되고
네모 세모 마음대로 그려주세요.

②

눈을 점으로 찍고
얼굴 아래와 목을 그려주세요.

③

소시지같이 긴 몸통과
꼬리, 다리를 간략하게 그려요.

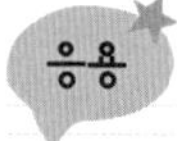

- 정면 얼굴을 그릴 때는 눈과 코를 거의 일직선으로 그리면 100% 귀여운 댕댕이 상이 된답니다.

토끼

토끼 얼굴까지는 그리기 쉬운데, 몸부터 그리기 어려우셨던 분들 손!

①

타원 2개를 쌓은
얼굴형을 그려주세요.

②

토끼도 여러 종류가 있지만
귀가 생각보다 길지 않아요.
얼굴 크기 정도의 귀를 그려볼게요.

③

쭉 뻗은 앞발을 그려줍니다.
등은 좀 많이 굽어 있어요.

④

뒷발은 앞발 2개를 모은 것보다
살짝 더 크게, 허벅지 부분을 둥글게
그려주세요. 배도 연결해줍니다.

⑤

코, 입과 꼬리를 그려줍니다.
눈은 양옆으로 많이 벌어지게,
얼굴의 중간쯤 콧구멍과 입, 볼 등을 그려주세요.
귓속을 볼터치와 같은 색으로 살짝 채색해주면
포인트가 됩니다.

병아리

보기만 해도 엄마 미소를 불러오는, 병아리를 그려보아요.

① 

노란색으로 뚱뚱한 'ㄴ'자를 그려주세요.

② 

주황색으로 부리와 날개를 그려주세요.

③ 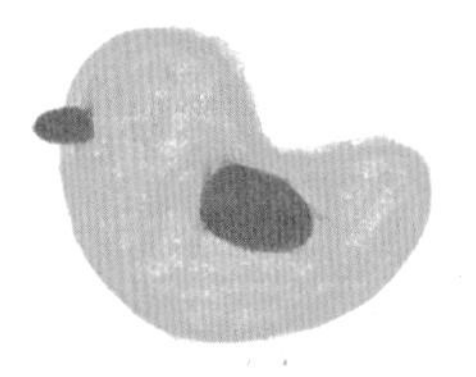

노란색을 채워주고,

④ 

검은색으로 눈과 다리를,
핑크색으로 홍조를 그려넣어요!
복실복실함 가득한 병아리 완성!

고슴도치

귀여움으로 무장한 아기 고슴도치! 검은색과 갈색만 가지고도 그릴 수 있어요.

①

얼굴부터 그려줄게요.
검은색으로 뾰족하게.
모서리 부분은 코가 돼요.

②

등에 타원으로 갈색을 칠하고,

③

검은색으로 가시를 그려줘요.
가시를 그릴 때는 꼬리 쪽으로 갈수록
눕혀지게 그려주세요.

④

귀와 짧은 다리, 꼬리 부분을
포인트로 그려주면 더 고슴도치처럼
보일 거예요.

코알라

코알라는 얼굴이 포인트예요. 귀와 코를 큼직하게 그려서 누가 봐도 코알라임을 알게 해주세요!

① 얼굴만큼 양쪽 귀를 큼직하게
그려주고,

② 얼굴 중앙에 검은색으로
물방울 모양의 코를 그려 넣어주세요.

③ 동그란 원을 그리듯 등을 그려주세요.

④ 얼굴 쪽으로 뻗은 앞다리를 그려주세요.

⑤ 아래에 굽은 뒷다리를 그려주세요.

⑥ 손, 발, 배 부분만 빼고
회색으로 칠해주세요.

공룡

공룡은 왜 종류도 많고 이름도 긴 걸까요!
공룡의 기본 모양을 함께 연습하고 나서 컬러와 모양, 날개의 유무 등 변화를 줘서 그려보세요.

머리 부분부터 그립니다.

등과 꼬리는 길게 빼 주고
다리는 짧고 도톰하게 그려주세요.

초록색으로 채웁니다.

공룡의 몸통은 얼마든지
상상의 나래를 펼쳐도 되니,
알록달록하게 꾸며줘도 OK!

부엉이

부엉이 그리기에서 귀만 그리지 않으면 올빼미가 됩니다. 일거양득!

①

뾰족한 귀를 먼저 그리고,

②

얼굴 가운데 역삼각형을 그려주세요.
삼각형 끝은 부리가 됩니다.

③

부리 양옆으로 안경처럼
큰 눈을 그려주고,

④

몸통 양옆 날개도 그립니다.

⑤

날개는 분홍색으로,
귀 부분은 갈색으로 칠해요.

⑥

채색은 마음대로 해보세요.
패턴을 넣어도 좋고 각 부분을
다른 색으로 채워도 돼요.

다람쥐

다람쥐는 세심한 곡선으로 이루어져 있어요. 찬찬히 따라 그리다 보면 다람쥐 형태가 나옵니다.

① 

쥐 과인 다람쥐는 얼굴부터 그려준 다음
앞다리와 등을 그립니다.

② 

쉬운 것 같지만 라인이 어려운 동물 중 하나예요.
뒷다리를 아래로 그리고,
꼬리를 몸통만큼 큼직하게 그려주세요.

③ 

채색 꿀팁은, 갈색으로 꼼꼼히 칠한 후에
베이지색이나 살구색으로 빛을 표현해주는
거예요. 다리, 꼬리, 팔 등 윗부분을 살짝
칠해주면 입체감이 살아나요.

④ 

볼에 볼터치를 하고 검은색으로
점을 콕콕 찍어주세요.
저는 도토리도 하나 쥐어줬어요.

꽃사슴

사슴을 실제같이 그리려고 하면 꽤 어려워요.
우리는 초간단, 쉽고 귀엽게 그리기로 했으니 특징을 잡아볼까요?

①

긴 얼굴을 옆으로 그려주고
귀를 작게 그려줍니다.

②

얼굴 아래로 목을 길게
그리고 등은 가로로 쭉 뻗게,
엉덩이 부분에서 굴곡이 지게 그려주세요.

③

다리는 쭉쭉 뻗은 느낌으로 4개를 그리고,
꼬리를 표현해주세요. 눈동자와 코를
점으로 표현하고, 뿔도 멋지게 그려주세요.

④

주황색으로 채색합니다.
이때 중요한 것은 흰색 반점으로 등 무늬를
표현하고 귓속, 발끝을 까맣게 포인트를 줘서
색칠하는 것입니다. 포인트가 사슴을
사슴답게 만들어줘요.

양

그리기 쉬운 동물 중 하나예요.
여러 마리를 그려서 아이와 색칠하기 놀이를 해보세요.

①

꼬불꼬불 통통하게 타원을 그려주세요.

②

털에 파묻힌 얼굴과 귀를 그려줘요.

③

코는 V자로 그리고 그 아래에 3을
눕혀 그린다 생각하고 입을 그립니다.
눈은 점으로 찍어주세요.

④

다리는 검은색으로 색칠했어요.

코끼리

긴 코가 특징인 동물이니 코부터 그리면 가닥을 잡기 쉬워요.

①

코를 중심으로 얼굴을 동그랗게 그려요.
귀 하나를 얼굴만 하게 크게 그려줘요.

②

두툼한 다리를 4개 그리고,

③

회색이나 연보라색으로 코끼리 안을
채워줬어요. 발톱과 코의 주름, 얇은 꼬리를
표현하면 더욱 그럴듯한 코끼리가 됩니다!

곰

토끼와 마찬가지로 얼굴까지는 그리기 쉬운 곰.
이제 둥글둥글한 몸통 그리기도 어렵지 않습니다!

동그란 귀와 얼굴을 그려주세요.

②

곰의 코와 입이 들어갈
동그란 원을 얼굴 안에 그려주세요
(턱 아래는 지워주세요).

③

표정을 채우고 얼굴에 이어
커다란 자루 같은
몸통을 그려줄게요.

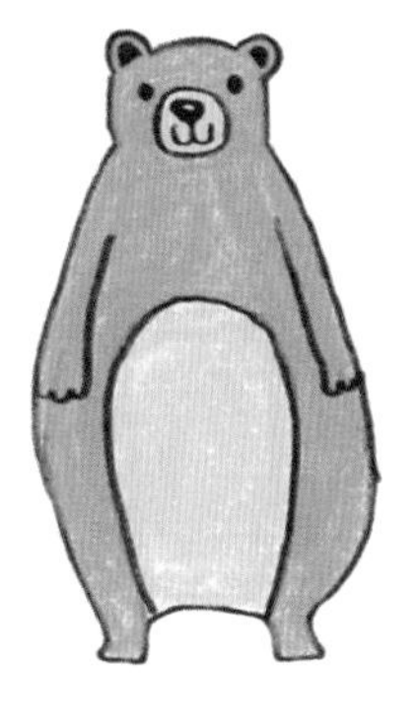

얼굴과 배는 옅은 노란색 계열로,
나머지 몸통은 주황색이나
갈색으로 채워줘요.

털이나 모자를 그려 넣으면
방금 그림책에서
튀어나온 듯한 곰이 됩니다.

기린

기린은 특징이 많은 동물이라 그리기 쉬워요. 목을 길~게 그려줘도 재미있어요.

①

긴 얼굴에 눈과 귀, 뿔을 2개씩
그려줍니다.

②

긴 목과 몸통, 긴 다리를 그려줘요.

③

안쪽은 노란색과 갈색으로
자유롭게 칠해보세요.

사자

사자는 갈기를 그리기 전까지는 곰인지 호랑이인지 헷갈릴 정도랍니다. 시작해볼까요?

① 

빼죽한 귀를 먼저 그리고,
아래로 얼굴을 동그랗게 이어줍니다.
양옆으로 점을 찍어 눈을 표현합니다.

② 

네모난 코를 그리고 끝을
검은색으로 칠한 다음 입을
이어주면 점점 사자 얼굴이 되어요.

③ 

털과 볼터치를 표현해줍니다.

④ 

복슬복슬한 갈기는 갈색과 노란색,
주황색을 섞어 직선으로 채워도 좋
고, 구불구불 선으로 그려줘도 좋고,
심지어 패턴으로 채워도 좋답니다.

⑤ 

몸통을 그릴 때는 두꺼운 다리,
약간 들어간 허리와 꼬리를
포인트 삼아 그려주세요.

뱀

무서워 보이는 뱀도 친근하게 그리기!

①

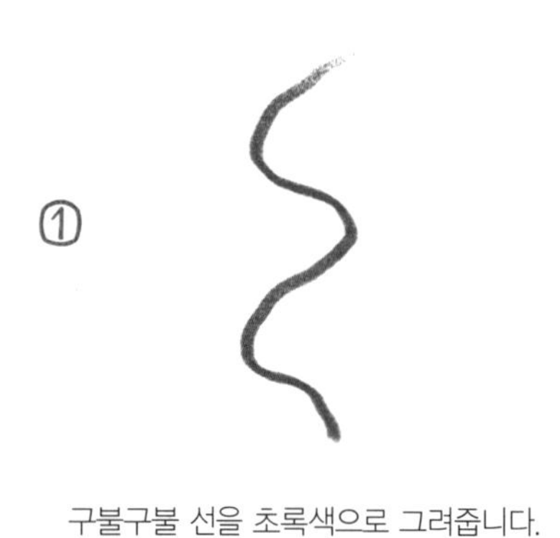

구불구불 선을 초록색으로 그려줍니다.

②

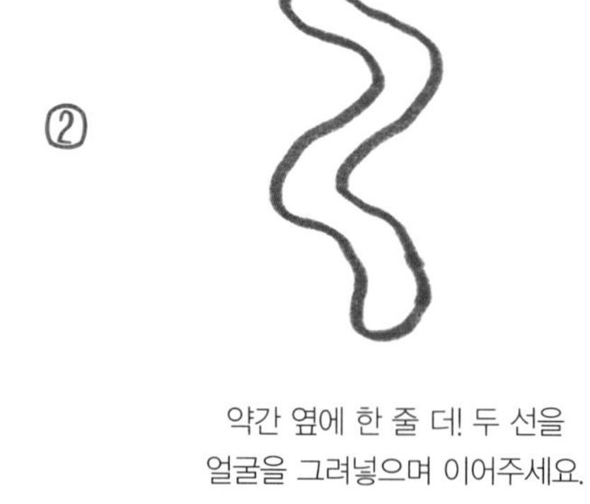

약간 옆에 한 줄 더! 두 선을
얼굴을 그려넣으며 이어주세요.

③

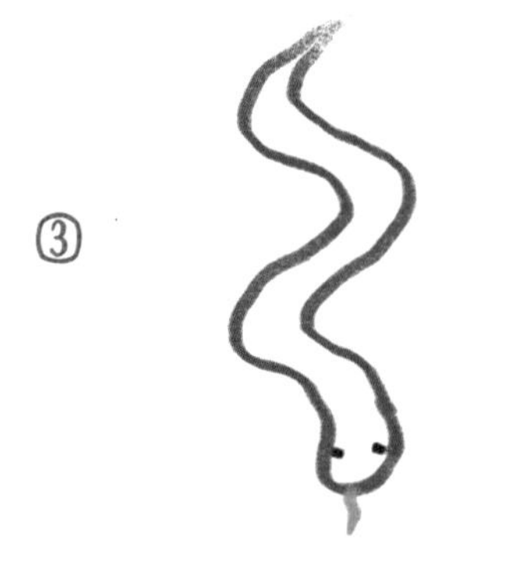

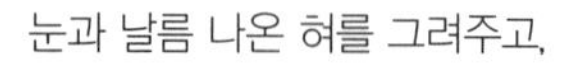

눈과 날름 나온 혀를 그려주고,

④

안쪽은 아이와 자유롭게 칠해보세요.
저는 동글동글한 패턴을 줬어요.

악어

얼굴부터 몸까지 특징으로 가득한 악어! 이 특징들을 한번 익혀두면 잊을 수 없을 거예요.

악어 얼굴의 특징은 눈과 코에 있어요.
기다란 얼굴 끝과 끝에 자리하고 있거든요.

쭉 뻗은 몸통과 꼬리를 그린 후
색칠을 합니다.

당장 티셔츠 찍어도
좋을 만큼 예쁜 악어 탄생!

눈과 콧구멍, 이빨을 그리면
이미 충분히 악어처럼 보일 거예요.

악어 등 부분을 예쁘게 아이와
꾸며보세요.

오징어와 문어

오징어는 세모 모양 머리를 포인트 삼아서 그려주세요.

① 

몸은 좀 통통하게 그려주고, 눈과 입, 볼을
그리면 좀 더 재미있는 그림이 됩니다.

② 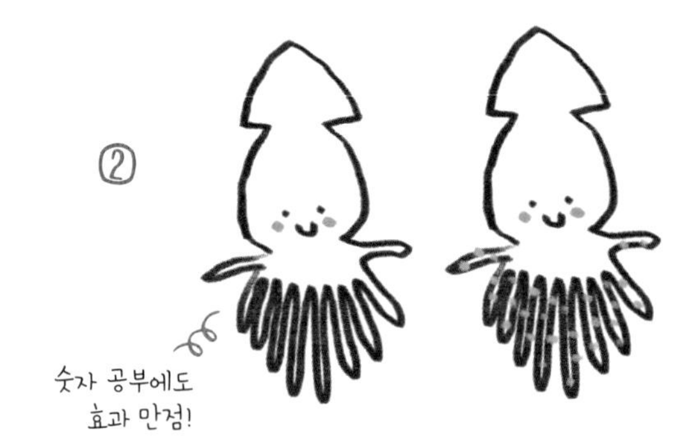

다리는 양쪽 2개를 먼저 그리고
나머지 8개를 그리면 좀 더 쉬워요.
오징어 다리에 점을 찍어 빨판을
표현해줍니다.

③ 

문어는 나팔 같은 주둥이를 먼저
그린 다음 얼굴을 그려주세요.

④ 

오징어보다는 조금 더 구불거리는
다리 8개를 그려줍니다. 다리에는 점을
콕콕 찍어 빨판을 표현해주세요. 눈을 그리고,
볼 부분은 색으로 표현해주세요.
아이랑 오징어와 문어의 다리를
함께 세며 구별해요.

돼지

그림책의 단골 소재이자, 실제로 보면 정말 귀여운 새끼 돼지를 그려볼게요.
측면 동물들을 많이 그려보았으니 이번엔 정면을 그려봐요.

①

뾰족한 귀와 동그란 들창코, 욕 아님^^
이것만 그려도 벌써 돼지 같네요.

②

분홍색과 살구색으로 칠하고
눈을 그려주면 돼지 얼굴이 끝나요.

③

몸도 그리고 싶다면,
앞다리와 꼬리를 그려주세요.

④

저는 조금씩 통통하게 칠해나갔어요.

⑤

마지막엔 갈색으로 목, 다리, 코 등
구분선을 그어주면 훨씬 보기 좋아요.

고래

고래는 아이들의 호기심을 자극하는 커다란 바다생물이죠. 고래를 그릴 때는 곡선을 잘 따라 그려주세요!

①

고래를 그릴 때는 윗선을 편평하게
아래 선을 둥글게 그리는 게
포인트예요.

②

고래 꼬리는 일반 물고기와 좀
다르기 때문에 잘 따라 그려주세요.

③

몸통 중간쯤부터 채색할 선을 그어줘요.
지느러미까지 이어지는 선이죠.

④

같은 하늘색으로 꼬리지느러미도 그리고,
등에서 뿌려주는 물줄기도 표현해주니
멋진 고래 끝!

윗부분은 남색으로 색을 채워주고,
아래는 하늘색으로 선을 그려줬어요.
검은색으로 눈과 입을 그려줍니다.

고래상어

고래상어는 고래일까요, 상어일까요? 정답은 상어입니다!
지구상에서 가장 큰 어류인 고래상어를 그려봐요.

①

검은색 연필로 물고기 모양을 그려주세요.
앞부분은 뾰족하지 않고 약간 넓적하게 그렸어요.

②

앞부분에 입을 그리고 지느러미도 그려줍니다.

③

입을 제외한 전체를 남색으로 칠해주세요.

④

하늘색으로 줄을 맞춰
등 부분부터 꼬리까지 점을 찍어주세요.

⑤

검은색 펜으로 입을 칠하고 눈을 찍어주세요.
하늘색으로 얼굴 부분에 무작위로
점을 콕콕 찍어줍니다.

가오리

수족관에서 한번쯤 봤을 가오리는 물속을 새처럼 휘젓는 움직임이 정말 독특하죠.

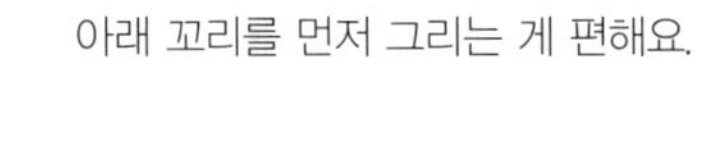

① 널찍하게 'ㅅ'을 그려주세요.

② 아래 꼬리를 먼저 그리는 게 편해요.

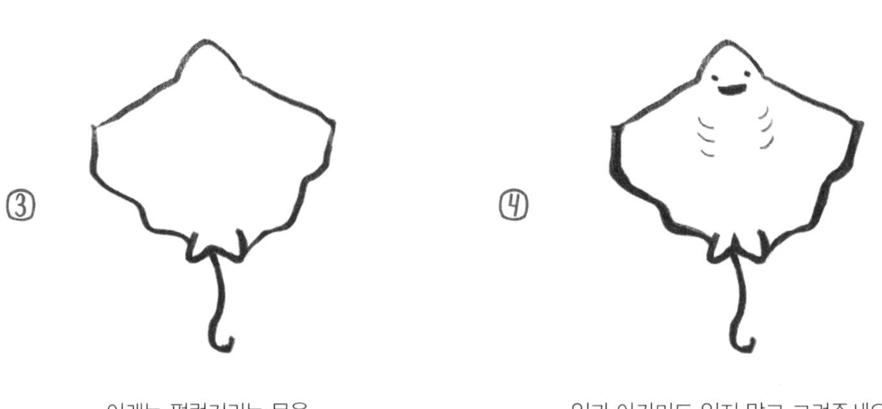

③ 아래는 펄럭거리는 몸을
윗선과 꼬리에 이어주세요.
가오리의 긴 꼬리를 그리고,

④ 입과 아가미도 잊지 말고 그려주세요.

해파리

해파리를 흰 종이에 그려도 좋지만 수족관에서 봤던 해파리의 빛나는 느낌을 살려보고 싶다면
검은색 종이를 준비해주세요. 흰색, 분홍색, 노란색, 하늘색 등 밝은 색 계열로 그리면 된답니다.

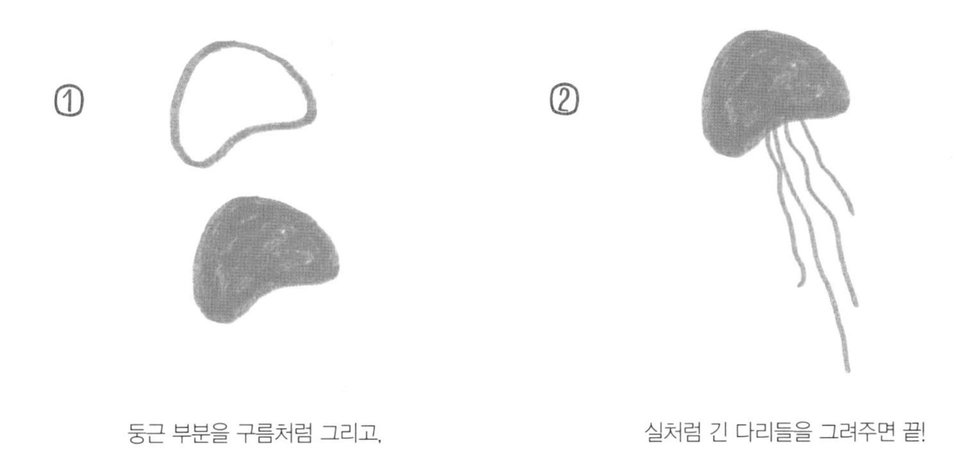

둥근 부분을 구름처럼 그리고,

실처럼 긴 다리들을 그려주면 끝!

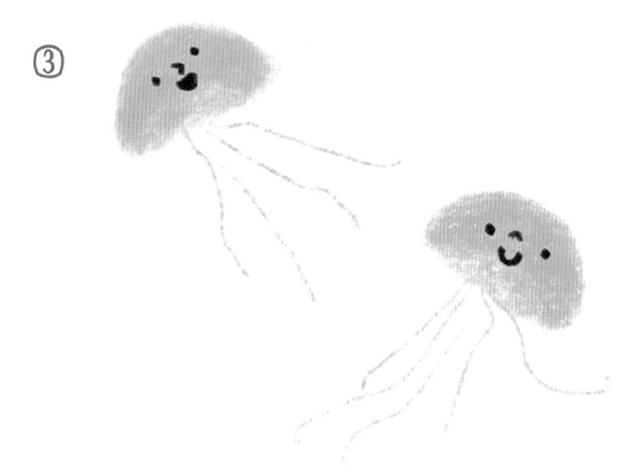

칠하고 싶은 색으로 칠하고,
얼굴을 그려 넣으면 귀여움이 배가 되어용.

펭귄

아기 펭귄은 너무 귀여워서 우리나라의 뽀통령이 되기도 했죠.

①

얼굴은 검은색으로
헬멧과 같이 그려줄게요.

②

양옆에 눈도 그려줘요.

③

회색으로 부리를 그리고,

④

검은색으로 발과 가슴 털을
그려주면 보송한 아기 펭귄!

⑤

부리를 칠한 회색으로 몸통을 칠하고,
가슴에 털을 표현해주세요.

북극곰

북극곰은 하늘색이나 회색으로 선을 그릴 거예요. 북극곰은 일반 곰보다 얼굴도, 몸도 상당히 길어요.

① 동그란 귀와 얼굴을 그려주세요.

② 검은색으로 눈과 얼굴 끝에 코를 그려주세요.

③ 얼굴과 거의 같은 높이에 등을 그리고,

④ 이어지는 두꺼운 다리 4개를 그려주세요.

⑤ 꼬리는 상대적으로 작으니 뾰족 나오게 그려주세요. 검은색 발톱까지 그리면 북극곰이 완성!

거북이

거북이는 전체적으로 비슷한 색이라 구분이 잘 가지 않을 수 있어요.
선으로 형태를 잡는 법과 상상력을 발휘해서 칠하는 법까지 배워볼까요?

①

초록색으로 등껍질을
먼저 그려줄게요.

②

머리와 다리도 아래에
삐죽 나오게 그려주세요.

③

등껍질은 아이와 자유롭게 칠해보세요.
무지개 색으로 채워도 좋고, 꽃을 그려도 좋아요.

엄마와 함께
그리는 거북이!

물고기

물고기는 종류도 많고 색상과 패턴도 천차만별이죠. 그래서 채색이 비교적 자유롭지만,
유선형의 물고기 기본 모양을 먼저 익혀 놓으면 어떤 물고기든 그리기 좋아요.

처음에는 한 가지 색깔로 꼬리와 머리를
색칠하고 몸통에 패턴을 그려 넣어보세요.

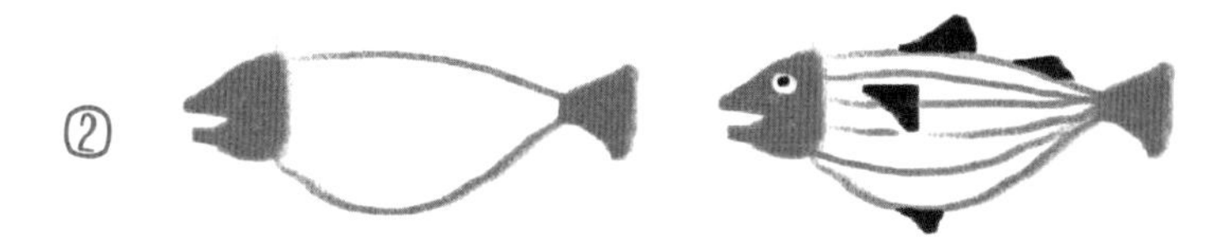

조금 익숙해지면 두세 가지 색깔로
지느러미와 꼬리를 그려보고 몸도 변형해보세요!

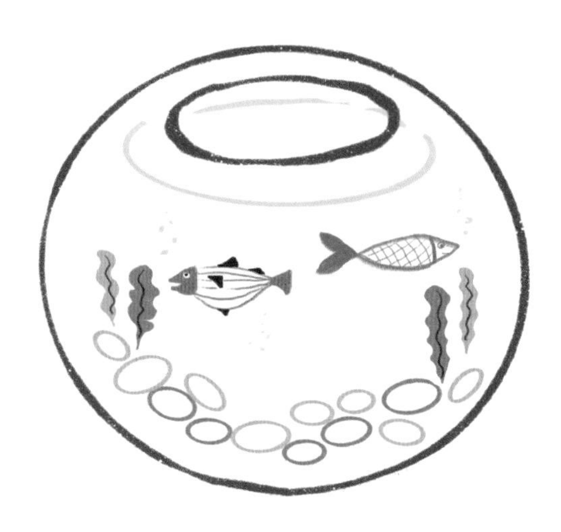

개구리

실제로 보기 어려워진 개구리, 아이들에게 개구리의 장점을 알려주면서 그려주세요.

①

개구리의 톡 튀어나온 눈을 시작으로
얼굴과 앞다리를 그려주세요.

②

물갈퀴가 있는 앞발과 뒷발을 자세히 그리면서
개구리가 수영을 잘하는 이유를 설명해주세요.

③

초록색, 연두색을 사용해 개구리를 색칠해줍니다.
빨간색으로 입을 표현해주세요.
너무 길어 접혀 있는 뒷다리를 칠할 땐
점프를 잘하는 개구리의 특징을 말해주고요.
아이에게는 개구리에 대해 더 자세히 알 수 있는 시간이 될 거예요.

잠자리

곤충은 머리, 배, 꼬리로 되어있다고 배운 것 같은데……!
수업 시간에 헤맸던 기억을 되살리며 잠자리를 그려볼까요?

①

잠자리는 꼬리를 길게 빼주세요.

②

날개는 앞날개보다 뒷날개를
살짝 길게 그려주세요.

③

반대쪽 날개도 그려줍니다.

④

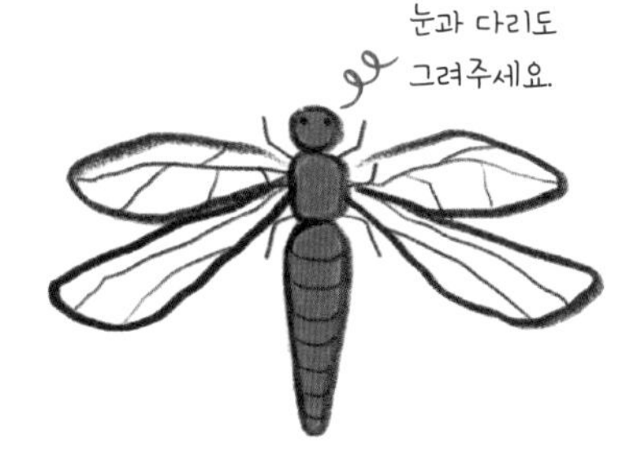

고추잠자리를 그리려면
빨간색으로 색칠해주세요.
날개와 몸통에 연필로 선을 더해주면
진짜 잠자리에 가까워져요.

나비

나비는 날개를 3자로 간단하게 그릴 수 있지만 조금 더 실물 형태에 가깝게 그려봐요.

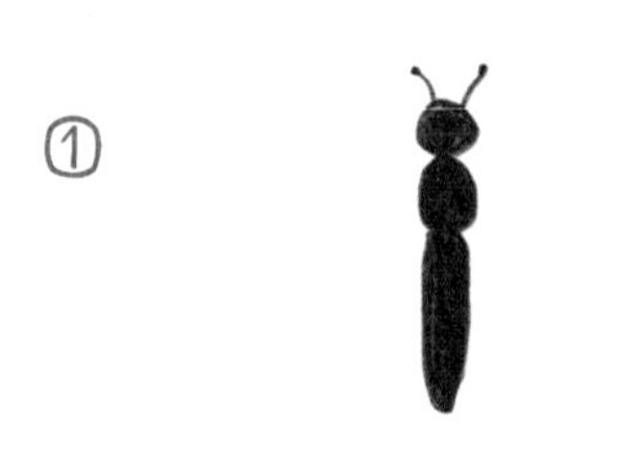

나비도 곤충이지만
잠자리보다는 꼬리를 짧게 그려주세요.

나비는 날개 모양이 자세히 보면
제각각이에요. 어떤 모양이든
대칭으로만 그리면 됩니다.

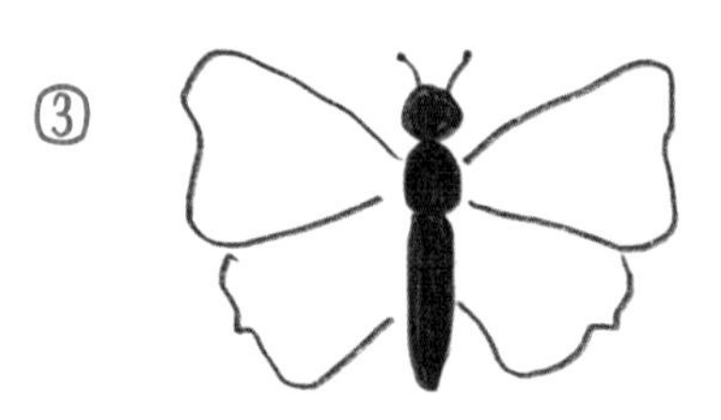

위 날개는 조금 크고 꽃잎 모양으로 그려주세요.
아래 날개는 그보다 조금 작게.

색상도 자유롭게, 원하는 색으로 채워줍니다.
전 핑크색과 회색으로 칠하고,
검은색과 노란색으로 장식해줬어요.

달팽이

그리기도 재미있고 친숙한 달팽이, 연필 들고, 준비되셨죠?

달팽이 집을
소용돌이 선으로 그려주세요.

달팽이 몸을 길게 그려줍니다.
더듬이같이 뾰족 나온 부분에는
눈을 표시해주고 이어 몸을 그려줘요.

몸은 초록색,
집은 갈색으로 칠했어요.

조금 더 예술적으로 표현하고 싶다면?

- 달팽이 집이 오묘한 색으로 빛나는 것 혹시 아시나요?
  요걸 그리고 싶다면 하늘색과 노란색으로 소용돌이 선을 따라가며
  살짝 칠해주세요.

또 생각나는 동물은 없나요? 다양한 동물 그리기를 연습해보세요

아이가
자주 마주치는 사람들,
캐릭터의 특징을 잡아보자

밀키 캐릭터, 어떻게 만들었을까요?

아빠를 닮아 우유를 좋아하는 아기 밀키.
뽀얀 아기 피부가 예쁘고 보드라워서 밀키에게 '우윳빛깔'이라는 느낌을 주고 싶었어요.
매끈한 병의 느낌을 더하고 싶어 우유병을 씌웠죠.
원래는 우유병 자체로만 밀키 캐릭터를 그렸는데 감정 표현의 한계로 우유병 탈을 쓴 어린이로 변형이 되었어요.
가끔 삼각김밥, 만두 등으로 오해받을 때도 있지만 우유병은 밀키의 시그니처 콘셉트랍니다.

처음 밀키베이비 캐릭터를 접한 분들이 가끔 '희한하다'는 피드백을 주시기도 해요.
제 성향상, 예쁘기만 한 캐릭터에 만족하지 못하는 것도 있고,
조금 독특해도 재미있는 그림을 그리고 싶은 마음에 나온 캐릭터이기도 해요.

밀키 대디, 이렇게 만들었어요!

밀키 아빠는 냉장고에 우유가 없으면 허전해할 만큼 우유 사랑이 대단해요.
머리에 쓴 우유갑을 입체적으로 그리기가 어려울 때도 있지만
그래도 이 우유갑이 밀키 아빠를 가장 잘 나타내준답니다.
육아를 잘해보려고 노력하는 한국의 아빠상이기도 해요.

밀키맘, 이렇게 만들었어요!

작가와 똑 닮은 캐릭터를 갖고 있는 작가들도 있죠.
밀키맘은 제 생각을 대변하는 인물이지만 비주얼은 저랑 닮지 않았어요.
밀키맘은 캐릭터 중 유일하게 탈을 쓰고 있지 않아요. 콘셉트보다 의견을 전달해야 하고,
보다 많은 이들이 공감할 수 있게 이야기를 이끌어나가는 위치에 있다 보니 그렇게 되었어요.
밀키베이비 캐릭터는 조금씩 늘려나갈 생각이에요. 이야기도 더 풍성하게 엮어나가고 싶고요.

가족 캐릭터를 만들 때 가족의 성향, 취향을 담아 만들면 더욱 애착이 갈 거예요!

우리 가족을 대표하는 캐릭터는 어떤 것이 좋을까요?
가족별로 어울릴 만한 캐릭터를 적어보세요!

눈, 코, 입 그리기

눈, 코, 입 그리는 연습을 해볼 거예요.
아이를 그리는 방법은 정말 여러 가지예요.
주로 눈과 코가 캐릭터의 특징을 상이하게 만들죠.
이외에도 갖가지 모양의 눈, 코, 입이 있어요.
코를 세모로 해도 되고, 네모로 해도 되고요. 자유롭게 연습해보세요.
입은 주로 '표정'을 나타내요. 입으로 희로애락을 표현해보세요!

눈썹의 모양에 따라서도 표정이 변해요. 희로애락부터 그려보세요.

코가 뾰족하면 어른스러운 느낌, 둥글면 귀여운 느낌이 들어요.

같은 웃는 입이라도 벌린 입, 닫은 입, 혀가 나온 입, 이가 보이는 입 등 여러 가지예요. 모두 시도해보세요.

얼굴 표정 연습하기

머리카락 그리기

머리카락으로 성격과 개성을 강하게 드러낼 수 있어요. 보글보글 머리카락은 귀여운 느낌,
잔디 같은 머리는 장난꾸러기 느낌을 줘요. 질끈 묶은 머리, 개성 있게 솟은 머리 등 자유롭게 그려보세요.
단짝 친구나 선생님의 머리를 그려주면 반가워할 거예요.

머리 모양 연습하기!

얼굴 완성하기

가족의 얼굴, 가장 가까이에서 자주 보는 사람들부터 관찰해보세요.
머리 모양, 수염이나 안경의 유무, 코가 큰지 작은지, 입술이 두꺼운지 얇은지, 얼굴 형은 둥근지 길쭉한지 등등 다양한 특징이 있어요. 할머니, 할아버지에게는 주름을 표시해주면 단번에 알아볼 수 있죠.
어린 아기라면 빨간 볼터치를, 아빠 턱에는 수염을 콕콕 찍어주어도 좋아요!

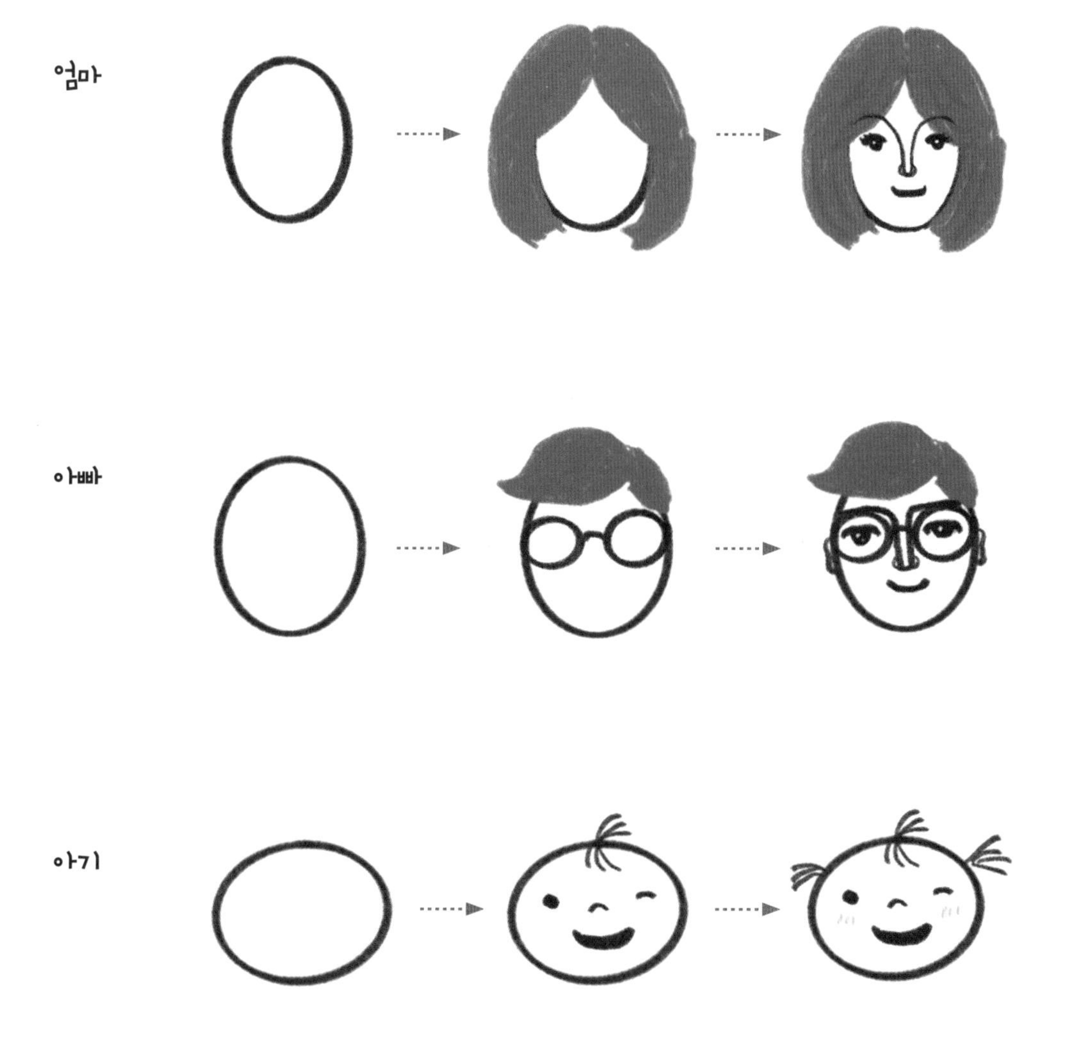
엄마
아빠
아기

가족의 얼굴을 그려보세요!

우리 가족과 주변 인물을 떠올리면서
다양한 캐릭터를 그려보세요!

내 아이 특징 잡아내는 법

아주 어린 아이들은 생김새로 성별이 크게 구별되지는 않지만, 그림에서 성별을 나타내고 싶을 때 이용할 수 있는 간단한 방법들이 있어요. 속눈썹의 유무나 리본, 머리카락 길이나 스타일로 간단히 표시해줍니다. 혹은 치마, 바지로 단순하게 나타낼 수도 있어요(디즈니의 미키와 미니를 떠올리면 쉬워요).

우리 아이의 특징이 잘 드러나게 아이 캐릭터를 그려보세요.

발레리나

몸짓이 예쁜 발레리나! 밀키는 발레 동작보다 발레 드레스에 더 관심이 많답니다.
발레리나와 드레스를 아름답게 그려볼까요!

①

얼굴부터 그려줄게요.

②

봉긋 솟아오른
머리카락을 그려주고,

③

눈, 코, 입을 그린 후,
화장을 해줍니다.

④

팔은 머리 위로
모아주고,
몸통을 그려주세요.

⑤

치마는 분홍색과 살구색으로
굵게 칠해주세요.

⑥

다리 그리기는 꽤 연습이 필요해요.
세세하게 허벅지와 종아리, 발목의 근육을 생각하며
구분을 해줘도 좋지만 아이가 옆에서 보고 있다면 그럴 시간이 없을 거예요.
쭉 뻗은 다리에 발레 슈즈로 포인트를 잡아주세요.

경찰

경찰은 모자가 가장 큰 특징이에요. 경찰차와 함께 그려보세요!

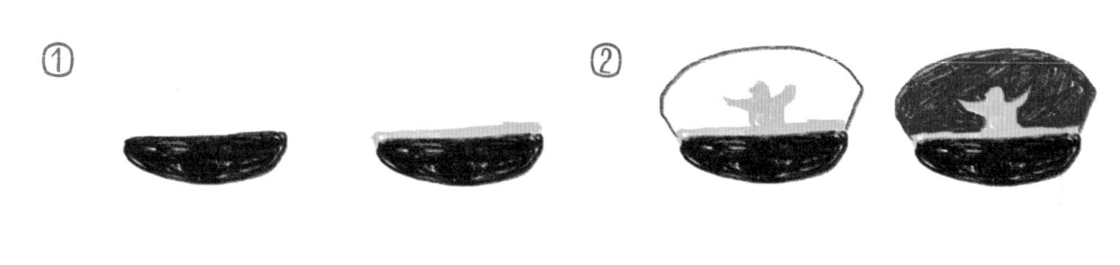

① 검은색 챙에 노란 선을 먼저 그려줄게요.

② 참수리도 노란색으로 그려주고,
나머지는 남색으로 채워요.

③ 저는 경찰관 하면
콧수염 난 형사가 떠오르지만,

④ 아이들에게는 경찰 언니나 누나도 있다는 것을
알려줄 겸 둘 다 그려주세요.

로봇

밀키는 자기를 도와주는 로봇이 있으면 좋겠다고 해요.
로봇을 그리면서 아이에게 어떤 로봇이 있으면 좋을지 이야기를 나눠보세요.

①

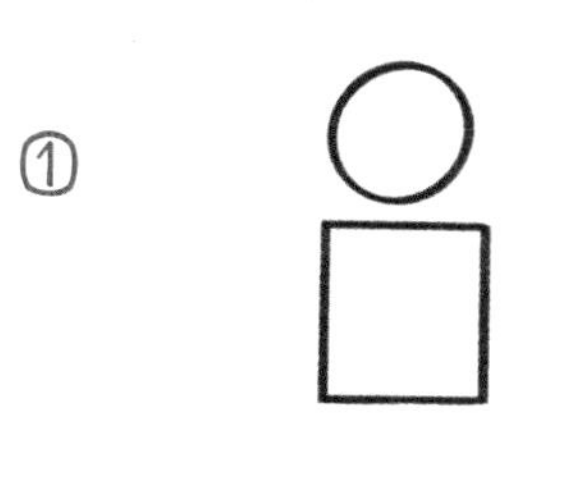

연필로 원과 사각형을 그려주세요.
얼굴과 몸통이에요.

②

팔과 두 다리를 그려주고,

③

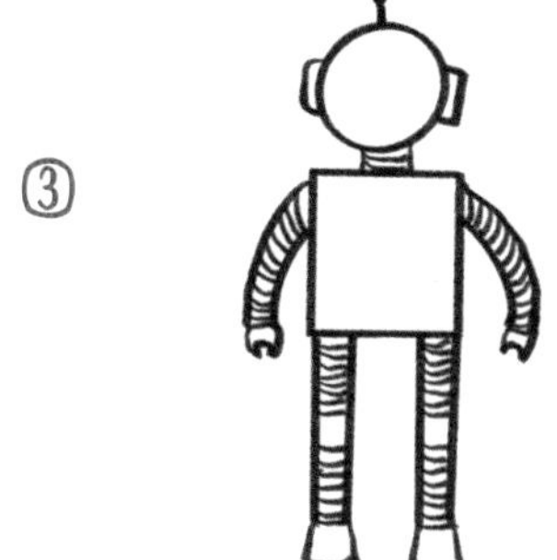

팔, 다리에 줄무늬를 그려주세요.

④

얼굴에 눈, 코, 입과 귀, 안테나 등을
그려주면 더욱 로봇같이 보여요.
네모난 몸통에는 스크린과
버튼 등을 그려주세요.

⑤

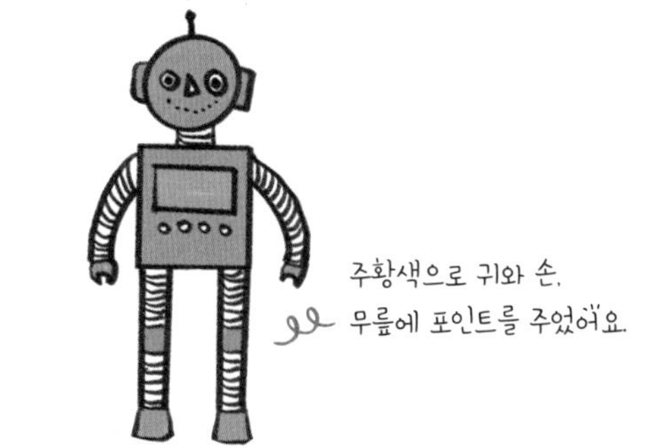

민트색을 이용해서 색을 칠해줬어요.

공주

공주 그림을 예쁘게 그리고 싶은 아이와 함께 그려보세요. 머리 색, 눈 색깔, 드레스의 모양 하나하나 물어보면서요. 저도 이 그림을 그릴 때는 밀키와 함께 그렸답니다.

① 

연필을 들고, 얼굴형을 그려줍니다.
목 부분은 지울 거라 살살 그려주세요.

② 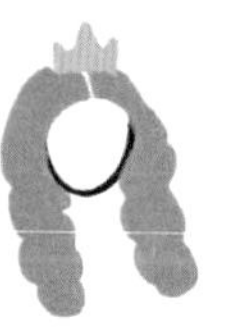

얼굴형 위에 노란색으로
왕관을 그리고 주황색으로 둥글둥글,
긴 머리를 그려주세요.

③ 

눈, 코, 입을 그려줍니다.

④ 

처음엔 손과 발을 그리기 어려우니,
가장 기본이 되는 뒷짐 진 공주를 그려볼게요.
둥근 퍼프 소매를 그리고, 팔은 허리 뒤로 둘러주세요.

⑤ 

드레스를 길게 그려주세요.
레이스와 리본, 장식도 그립니다.

⑥ 

전체적으로 노란색으로 채우고,
치마 밑단은 파란색으로 점점 진하게 칠했어요.
아이가 좋아하는 색을 골라 함께 그려보세요.

왕자

공주 옆에 왕자가 있으면 더욱 실감나는 그림이 되죠.
복잡하지 않게, 왕자를 그리는 법을 알려드릴게요.

①

연필로 얼굴형을 그리고,
노란색 왕관을 그려주세요.

②

갈색 머리카락을
왕관 주위로 그려줍니다.

③

어깨에 붙은 견장을 그려줍니다.

④

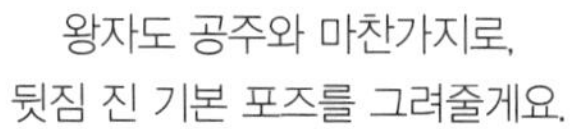

왕자도 공주와 마찬가지로,
뒷짐 진 기본 포즈를 그려줄게요.

⑤

부츠를 신은 다리와 다리 뒤
망토를 그려줍니다.

⑥

부츠는 노란색 장식을 제외한 부분에 검은색을
칠해주세요. 팔의 소매와 바지는 파란색으로
칠해줍니다. 윗옷의 단추를 연필로 추가해주세요.

IPA
밀키
Beer

CHAPTER. 2

엄마의 취향을 담은 일러스트

〈엄마의 방, 2017〉

아이를 돌보느라 증발해버린 나의 일상.
육아와 내 일상을 완벽히 분리할 수 없더라도 잠시 엄마가 아닌 '나'에게 집중해보는 시간이 필요해요.
'나에 대해 생각해본 지 너무 오래된 것 같아!'라는 생각이 퍼뜩 들면서
뭐부터 그려야 할지 갈팡질팡한다면? 네, 정상이에요. 저도 그랬거든요.
아이에게 몰입하느라 한참 동안 저를 잊었지만, 이제 다시 나를 소환할 시간이에요.
저는 오늘 무엇을 마셨고, 마시면서 무슨 생각을 했고, 마실 땐 무엇을 입고 있었는지 등
작은 것부터 떠올려보곤 해요. 나의 소소한 일상을 간단하게 그릴 수 있는 팁을 지금부터 알려드릴게요.

Lesson 01.

'그림, 난 못 그려'라고 생각하지 마세요

사진과 똑같이 그린 소묘, 거창한 유화가 아니더라도 자기 생각을 표현할 수 있는 방법은 참 다양해요. 전통적인 미술이 진짜 미술이라는 편견에 얽매이지 않고 색다른 그림 스타일을 접해보세요. 저 또한 무수한 실험 끝에 밀키베이비를 제 스타일로 찾게 되었는데, 그렇게 할 수 있었던 건 제가 미술을 전공하지 않아서일 수도 있다는 생각이 들어요.

대학 시절 방송과 영상을 전공하면서도 꾸준히 그려온 일러스트 덕분에, 외국에서 그림이나 애니메이션에 대해 공부하고 싶다는 꿈을 갖게 되었어요. 본격적으로 유학 미술을 공부하면서 알게 된 외국의 많은 미술대학과 아티스트의 작업은 제가 알던 한국의 입시미술과 너무 달랐어요. 유머와 다양성 그리고 실험정신이 넘쳐났죠. 그림의 세계를 더 깊게 알아갈수록 우리 아이들에게 알려줄 아트의 세계가 엄청나게 재미있다는 사실이 기쁩니다. 우리 아이들은 분명 더 다채로운 재료와 방식으로 아트를 접할 거예요. 엄마, 아빠가 첫 발자국부터 함께 이끌어주면 더 좋겠죠.

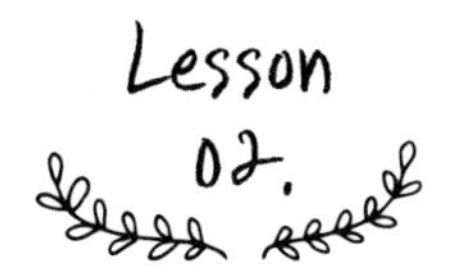

누구에게나 그림이 필요하다, 엄마라면 특히 더

그림 그리기의 장점은 정말 많지만, 저에게 그림은 두서없이 떠오르는 감정과 생각을 때로 글보다 효과적으로 표현할 수 있는 수단이에요.
첫 책 ≪지금 성장통을 겪고 있는 엄마입니다만≫을 쓸 때만 해도 육아와 일 사이에서 고군분투하고 있었어요. 신체적으로 힘든 이유야 뻔했지만 감정적으로 왜 힘든지 이유를 몰랐죠. 그림을 그리면서 내 마음의 상태와 힘든 원인에 대해 알게 되었어요. 그리고 '밀키베이비'란 이름으로 제 그림과 생각을 꾸준히 공유하기 시작했죠.

아이를 위한 그림 그리기? 나를 위한 그림 그리기이기도

밀키베이비 그림에세이를 시작하면서, 웹툰과 에세이가 합쳐진 형태로 시작했어요. 기존에 없는 형태라 고민도 많이 되었죠. 그러나 저만의 색깔을 찾아가기 위해 육아와 가족에 대한 단상과 에피소드를 꾸준히 올렸어요. '평생 그렸던 그림을 육아 때문에 손을 놓았다'라고 변명하기 싫어서, 심신이 너덜거리는 새벽녘에도 그림 그리는 시간은 꼭 지켜냈어요.
지금은 육아툰도 많아졌죠. 일전에 육아툰 시장이 핫하다는 어느 신문의 특집 기사에 인터뷰를 한 적도 있어요. 그만큼 그림을 사랑하는 엄마, 아빠들이 많아지고 그림으로 이루고 싶은 꿈들도 다양해지고 있다는 걸 느껴요. 저도 육아에 대한 내용을 다루지만 더 확장된 주제로 글과 그림을 그리며 활동하고 싶다는 막연한 목표 같은 게 있었어요. 그 마음 덕분에, 어느덧 책도 여러 권 내게 되고 크고 작은 기업들과 협업할 기회를 얻고, 아트 작업과 전시를 여는 어엿한 그림 작가가 되었어요.

좋아하는 것을 찾아 평생의 업으로 삼고, 그것으로 경제적 가치를 발견하는 것은 행운 같은 일이에요. 그 행운의 첫 시작은 매우 미미했어요. 그냥, 종이에 연필로 제 아이를 그린 그림이었죠. 지금은 비록 작고 소소한 꿈이어도, 일단 시작해보세요.

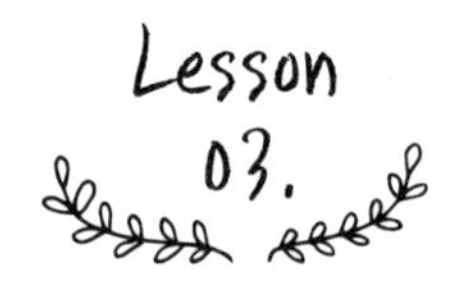

아이와 같이 그림일기 그리기

아이와 같이 그림일기를 그리면 어떤 점이 좋을까요?

밀키는 제가 그림 작업을 하고 있으면 조용히 다가와 옆에서 그림을 그려요. 오늘 있었던 일, 꿈에서 나왔던 사람, 만화에서 봤던 것들 등등. 저를 따라 그림을 즐겨 그리는 밀키를 보면, 아이는 부모의 거울이란 말을 마음에 새기게 됩니다.

아이를 키우는 부모라면 다 아시겠지만, 아이의 그림 속엔 속상했던 일, 아이가 무서워하는 것, 최근에 관심을 갖고 있는 것, 엄마, 아빠와의 유대관계까지 모두 보이죠.
아이는 부모의 그림을 보면서 조금씩 디테일한 부분들을 배우고, 부모는 아이의 마음을 알게 되니 서로에게 좋은 일이죠.

밀키가 한글을 익히고 난 후 그림에 글씨를 더하면서 그림일기는 더욱 중요해졌어요. 하루의 끝에, 아이와 일과에 대해 이런 저런 이야기를 나누고 그것을 그림으로 옮기는 시간을 가집니다. 처음엔 엉뚱한 이야기들이 난무했지만, 차츰 밀키는 자기 생각을 정리해서 말하고, 그릴 수 있게 되었어요. 아이의 사고가 자라는 것을 한눈에 볼 수 있기도 해요. 이런 시간은 부모에겐 아이의 성장을 목격하는 멋진 경험으로, 아이에게는 부모와 의미 있는 시간을 보낸 소중한 자산으로 남을 거예요.

〈숲속에서의 캠핑, 2016〉

안경

무심한 듯 시크하게. 요즘 많이 쓰는 동그란 메탈 안경, 어떠세요?

①

동그란 원 2개를
나란히 그려주세요.

②

가운데를 선으로 이어주세요.

③

선만으로 간단하게.
패셔너블한 안경 완성!

안경 다리 부분은
끝이 구부러지게 그려주세요.

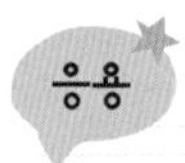

- 안경을 쓰지 않는다면 렌즈 부분에 색을 입혀 선글라스로 바꿔도 됩니다.

선글라스

하트 모양의 귀여운 선글라스를 그려볼까요?

①

하트 2개를 그려주세요.
둘 사이는 좀 떨어뜨려 주세요.

②

하트 바깥으로 선을 그려주세요.

③

둘 사이를 이어주는 코 받침과
안경 다리를 그려주세요.

④

흰색으로 빛을 표현해줍니다.

가방

기저귀 가방이라도 좋아요. 오늘 내 어깨의 동반자를 그려볼게요.

①

파란색 색연필로 밑이 좁아지는
사각형을 그려줍니다.

②

같은 파란색으로
손잡이 부분을 그려줄게요.

③

심플하게 줄을
그려주면 벌써 완성!

양말

오늘 양말은 무엇이었나요? 저는 아이를 챙기느라 너무 정신없을 때면 짝짝이로 신기도 했어요.
정신을 꼭 붙들고 내 양말을 가볍게 드로잉해보아요!

양말 한 짝을 따라 그려보세요.

겹쳐져 있는 두 번째 양말을 그려주고,
발끝과 뒤꿈치 부분을 그려주세요.

③

패턴은 자유롭게 그려 넣어주세요!
저는 땡땡이를 좋아해서 노란 점을 그렸어요.

스웨터

겨울이면 생각나는 따뜻한 스웨터. 너무 그리고 싶은데 어떻게 그려야 할지 모르겠다면?

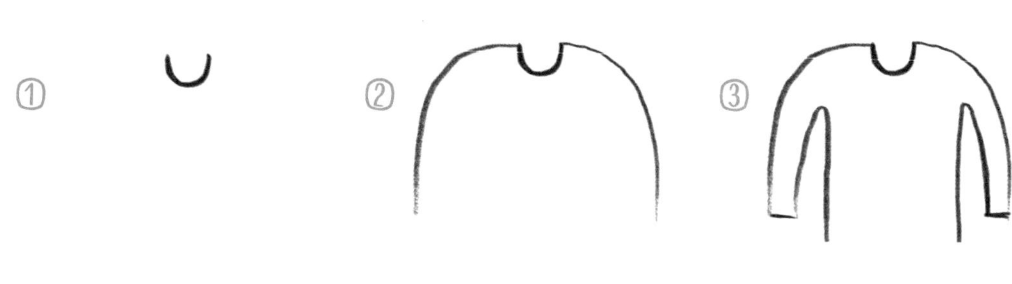

① 목 둘레부터 그려주세요.
저는 검은색 색연필로 시작했습니다.

② 팔 양옆의 선을 그려주세요.

③ 나머지 선을 따라 몸통을
그려보세요!

저는 코발트색의
색연필로 채워주었어요.

패턴은 자유롭게 그려주세요.
흰색 젤펜으로 목둘레, 스웨터의 끝장식,
중간 지그재그 무늬를 많이 넣어봤어요.

청바지

청바지를 쉽게 그리는 법은?
색연필이나 크레용 등 거친 질감을 잘 나타낼 수 있는 재료로 그려보세요.

① 바지 모양을 파란색 선으로
먼저 그려줄게요.

② 꼼꼼하게 칠해주되
하얀 바탕이 조금씩 보여도 돼요.

③ 허리춤은 흰색 젤펜으로
먼저 십(十) 자를 그려주고요.

④ 지퍼 부분과
주머니 부분도 그려주세요.

⑤ 바지 단과 허리띠 부분도 선을
추가해주면 그럴듯한 청바지 완성!

스커트

엄마가 되고 나니 요즘 헐렁이는 스커트가 그렇게 편할 수가 없더라고요.
오늘도 유니폼처럼 입고 있다면 한번 그려볼까요?

①

주황색 색연필로 허릿단을 그려주세요.

②

저는 롱스커트를 그릴 거예요.

③

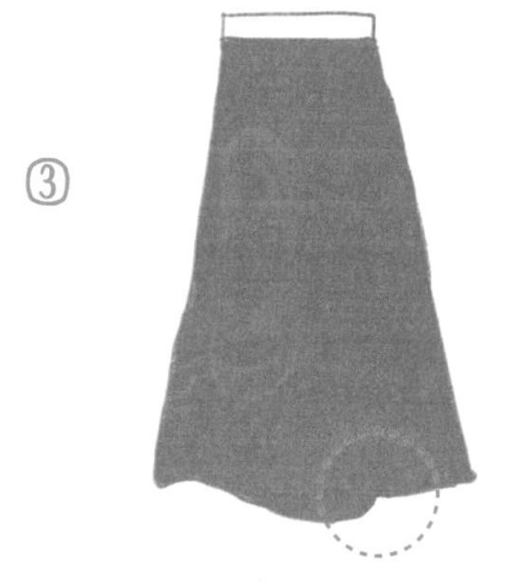

끝단에 주목해주세요.
약간 펄럭이는 듯한 스커트를 표현하기
위해선 끝이 반듯하지 않게
층을 내어 그리면 돼요.

④

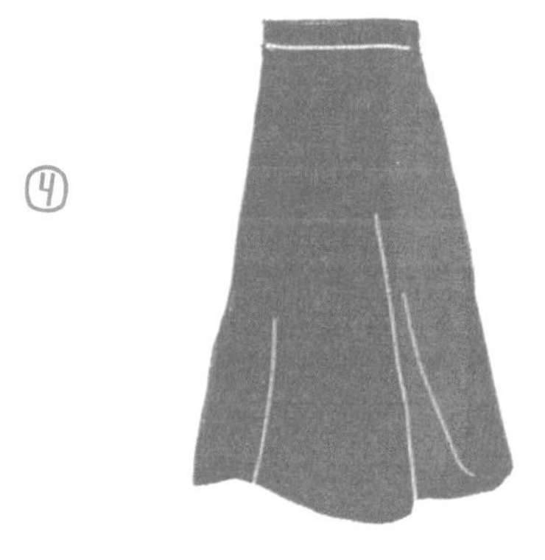

색을 채우고 나서 젤펜으로 주름을 그려줍니다.
주름을 표현하는 게 어렵지만 재미있는 부분이에요.
평소에 옷 주름을 관찰하면
더 쉽게 그릴 수 있어요 .

구두

집에 있는 신발을 관찰해보세요. 바깥쪽이 조금 더 경사가 있어요.
신발 앞부분이 뾰족한 것과 둥근 것 두 가지를 그려볼게요.

① 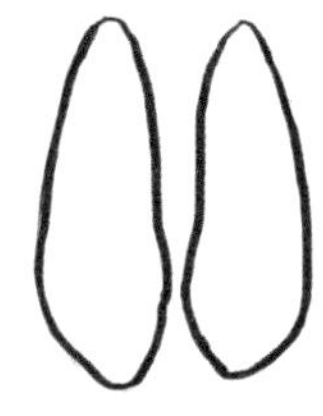

뾰족한 구두의 앞코와
발 모양을 그려줍니다.

② 

삼각형을 그리듯 신발 안쪽을
그려주고, 위에서 1/5쯤 되는 곳에
곡선을 그려주면 구두의 형태가 나옵니다.

③ 

찜해놓고 장바구니에 담아두었던
구두를 떠올리며 색이나 패턴을
칠해주세요.

① 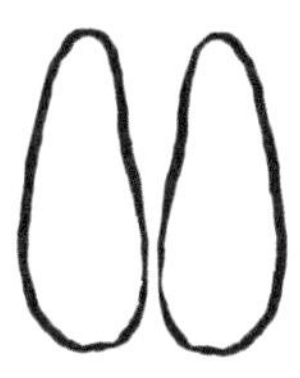

앞코가 둥근 구두는 발 모양에
충실하게 그려주세요. 위의 신발보다
발 크기를 작게 그립니다.

② 

샌들을 그릴 거라 앞굽과
앞 밴드, 뒤 밴드를 그립니다.
뒷 밴드는 발 모양 위로 그려주세요.

③ 

앞뒤 밴드는 초록색으로
칠했습니다. 앞굽은 밴드의 색보다
옅은 색으로 칠해서 여름 샌들의
느낌을 살려주세요.

'나' 그리기

인체를 잘 그리기 위해서는 사실 많은 연습이 필요해요.
저는 인체 드로잉 연습을 할 때 마네킹 같은 템플릿에 다양한 옷, 헤어스타일을 그리며 실력을 쌓았어요.
사람 몸을 그릴 엄두가 나지 않는다면 먼저 아래 템플릿에 시작해보세요!

밀키맘을 예로 들어볼게요.
실제로 8등신이면 얼마나 좋겠습니까만 평균적인 인간의 몸은 대략 6등신 정도의
머리, 몸통, 다리로 그려져요. 굴곡이나 신체의 위치를 눈으로 익히면서 그려보세요!

더 다양한 나의 모습을 그려봐요!

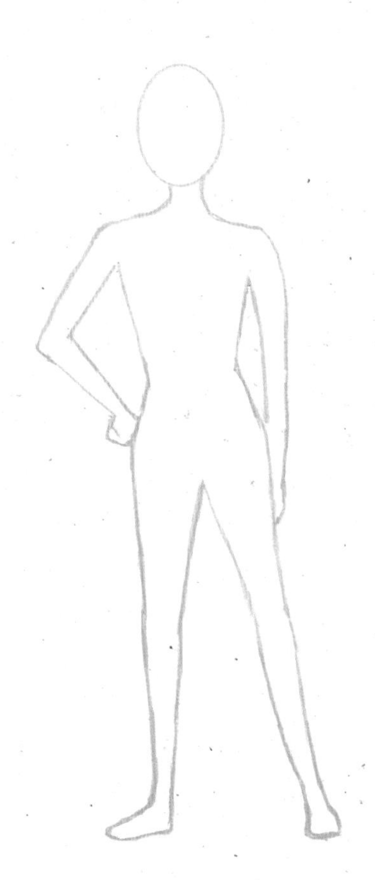

내 화장대 위에는 뭐가 있을까?

예쁜 화장품 드로잉을 보면 그리고 싶은 충동이 절로 들죠.
저도 제가 주로 쓰는 화장품을 이용해 드로잉 연습도 하고, 재미있는 영상을 만들기도 했어요.
화장품은 특히 도형을 이용한 것들이 많아요. 직육각형, 원통, 타원 등.
다시 한번 그리운(?) 수학 시간을 떠올리며 함께 그려봅시다!

화장대 위에 있는 것들을 그려볼까요?

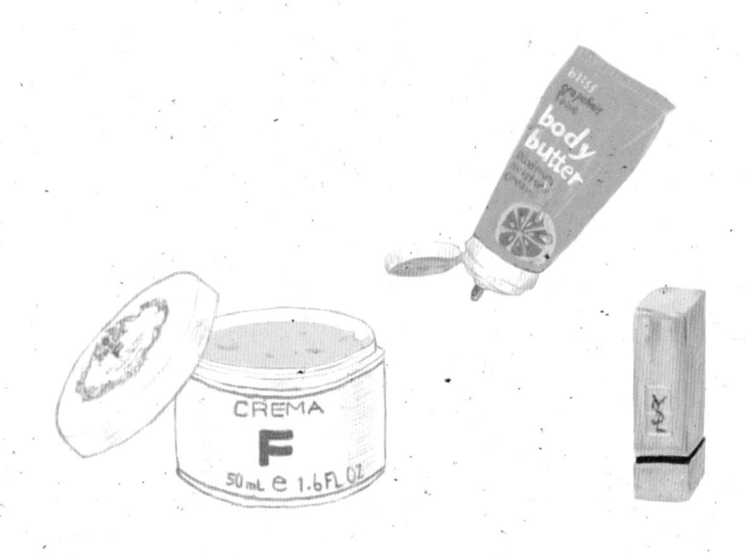

파우더

톡톡, 두드리고 있으면 밀키가 쪼르르 와서 물어봐요. "엄마, 그거 왜 발라?"
그럼 제가 대답해요. "주름 안보이게 하려고." "아항!"
엄마의 주름을 사라지게 해주는 마법의 파우더를 그려봐요!

보송보송 퍼프를 그려줄게요.
검은색 색연필로 시작해요.
저는 리본을 달아줬어요.

아래 통을 그려줍니다.

라벨도 달아봅니다.

핑크색으로 스트라이프를
그려줄게요.

리본도 칠해주면
세트의 느낌이 살아나요.

핸드크림

엄마의 손을 지켜주는 핸드크림! 애정하는 내 핸드크림을 그려볼까요?

얇고 긴 직사각형 하나를 그려주세요.

찌글찌글한 선을 그려주세요.
아래로 갈수록 약간 좁아져요.

크림의 입구 부분을
작게 그리고,

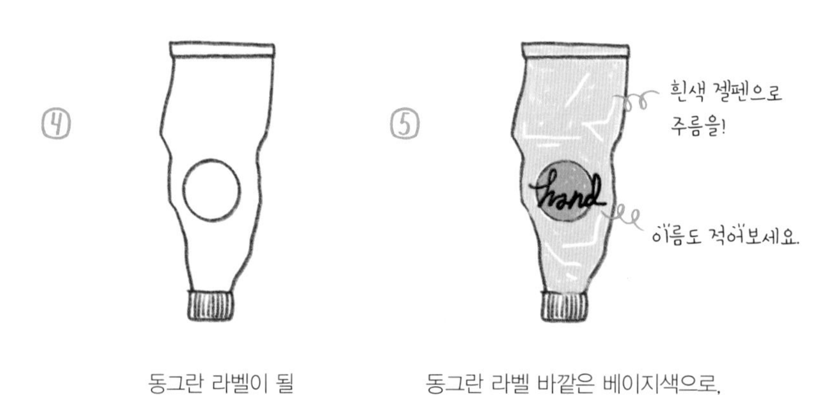

동그란 라벨이 될
원을 그려줄게요.

동그란 라벨 바깥은 베이지색으로,
원 안은 하늘색으로 채워줬어요.

립스틱

피곤해서 핏기 하나 없는 얼굴에 립스틱만 발라주면 왜 이리 생기 있어 보이는지요.
생기 담당 일등공신 립스틱을 그려볼게요.

①

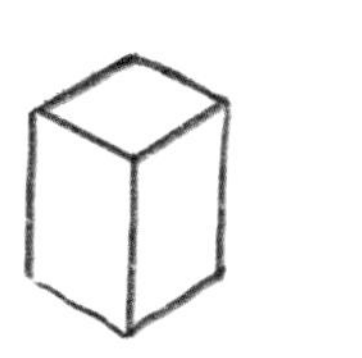

연필로 살살 직육면체를 그려줄게요.
윗부분의 마름모부터 시작해주세요.

②

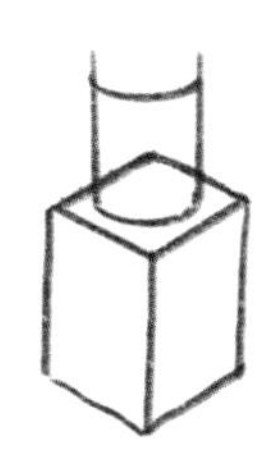

직육면체 위에
원기둥을 그려줍니다.

③

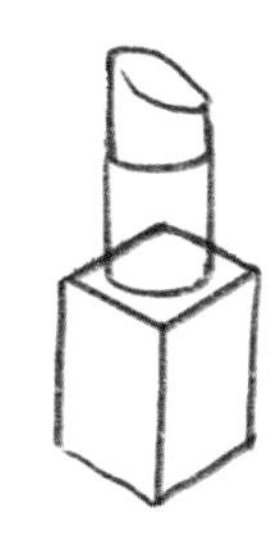

원기둥 하나를 더 얹고
비스듬한 타원을 그려주세요.

④

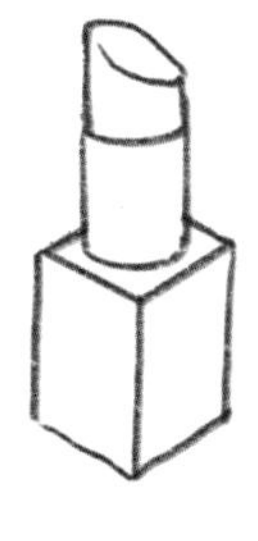

맞닿는 부분은 지워주세요.

⑤

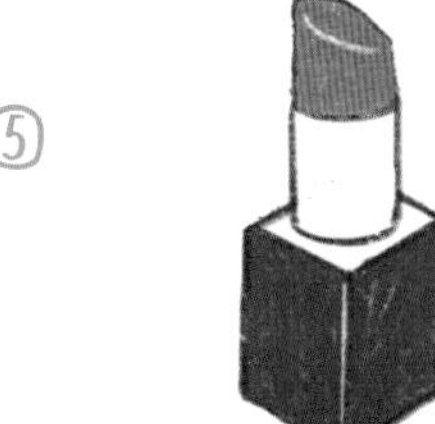

립스틱과 아래 직육면체
부분에 채색을 해주세요.

마스카라

'피곤해보이세요~' 라는 말을 듣지 않을 수 있는 저의 최고의 무기 중 하나!
마스카라를 그려볼까요?

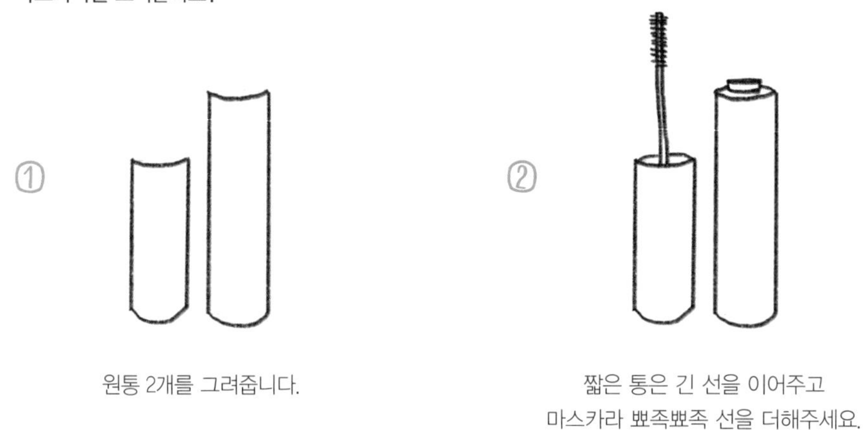

① 원통 2개를 그려줍니다.

② 짧은 통은 긴 선을 이어주고
마스카라 뾰족뾰족 선을 더해주세요.

③ 긴 통은 검은색으로 채워주세요.

매니큐어

밀키가 호시탐탐 노리는 엄마의 매니큐어! 의외로 간단히 그릴 수 있어요.

①

검은색 색연필로
뚜껑을 그려주세요.

②

밑에는 오각형을 그려주세요.

③

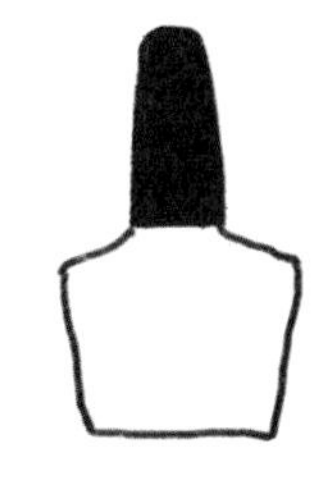

뚜껑은 검은색으로 칠해주세요.

④

반절 정도 매니큐어 액이
채워져 있도록 노란색으로
가장자리를 제외하고 칠해주세요.

⑤

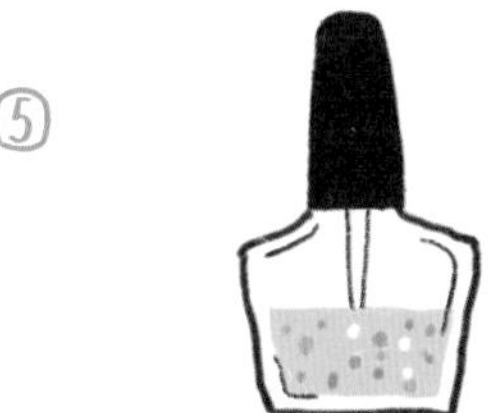

마지막으로 붓도 그려주세요.
저는 펄을 좋아해서
펄을 콕콕 찍어줬어요!

손거울

화장대 위에 조용히 자리를 지키고 있는 충직한 손거울!
갖고 싶은 모양이 특별히 있다면 이번 기회에 그려봐도 좋아요.

①

타원을 그려줍니다.

②

손잡이를 ①아래에 그려주세요.

③

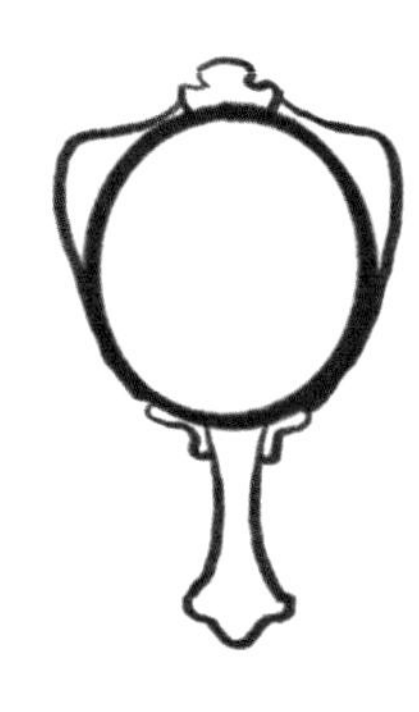

역삼각형의 모양으로
①의 타원을 감싼 뒤,
위아래도 장식을 넣어줍니다.

④

①을 빼고 다 검은색으로
칠해주세요.

⑤

하늘색으로 거울을 칠한 뒤,
흰색으로 빛을 표현해주세요.

의자

가장 기본이 되는, 편안하고 심플한 의자를 그려볼게요.

①

앉는 부분이 되는 타원형을
연필로 그려주세요.

②

등받이를 그려주세요.
조금 삐뚤어도 돼요.

③

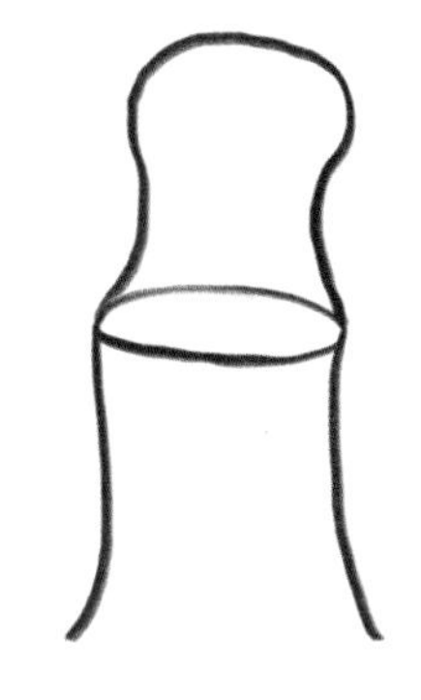

앞다리를 바깥쪽으로
조금 구부려 그려주세요.

④

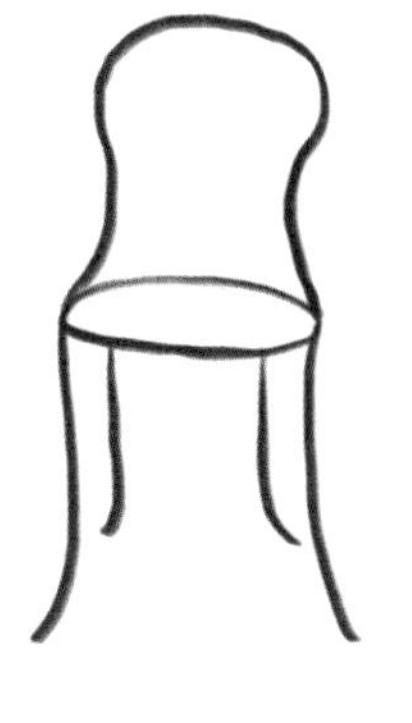

뒷다리는 앞다리보다
짧게 그려주세요.

⑤

등받이를 마저 그려주세요.
나무 느낌이 나게 갈색으로
앉는 부분을 채워줬어요.

머그컵

정신을 차리기 위한 1일 1커피, 필수죠? 커피 한 잔 옆에 두고 머그컵을 그려볼까요.

컵이나 그릇의 형태는 다양해요. 마음껏 장식해보세요!

화분

아이를 키우면서 식물을 같이 기르고 싶어지더군요. 아이도 보고, 저도 보고……
저희 집에서 쑥쑥 자라고 열매도 맺는 토마토는 밀키의 최애 식물이랍니다.

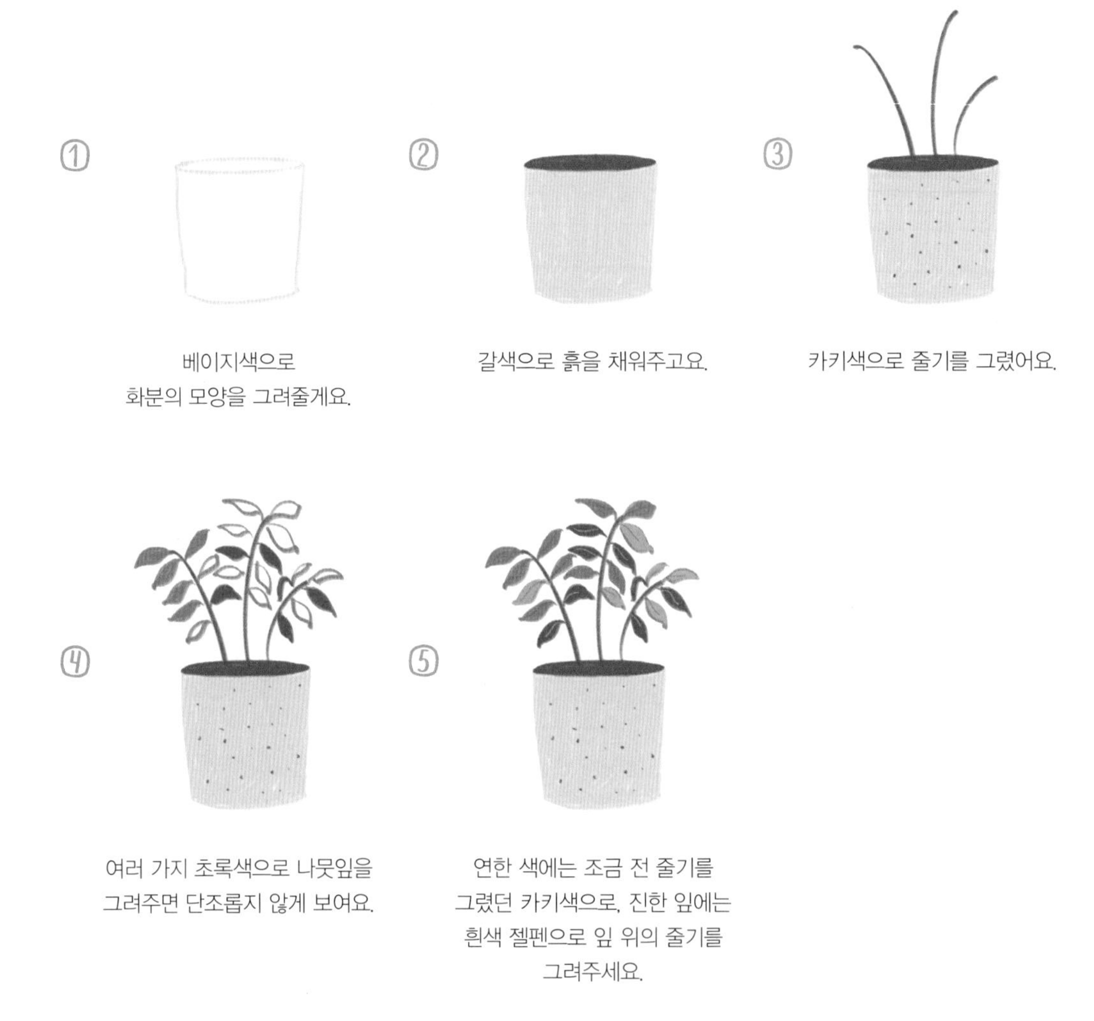

① 베이지색으로 화분의 모양을 그려줄게요.

② 갈색으로 흙을 채워주고요.

③ 카키색으로 줄기를 그렸어요.

④ 여러 가지 초록색으로 나뭇잎을 그려주면 단조롭지 않게 보여요.

⑤ 연한 색에는 조금 전 줄기를 그렸던 카키색으로, 진한 잎에는 흰색 젤펜으로 잎 위의 줄기를 그려주세요.

응용

- 화분이나 꽃병은 정말 여러 가지 모양과 색깔을 입힐 수 있어요.
  집에 두고 보는 화분이 있다면, 혹은 눈팅만 하고 있는 멋진 화분이 있다면
  망설이지 말고 한번 그려보세요!

캔맥주

가끔 가슴이 답답하거나 생각이 많아지면, 아이를 재우고 맥주 한 캔 시원하게 들이키고 싶을 때가 있어요. 여러분도 그렇다고요?

① 원기둥을 그려주세요.

② 캔을 따는 부분을 그려주고요. 겉면은 회색으로 칠해줄게요.

③

어떤 맥주를 선호하나요?
즐겨 마시는 맥주의 로고를 따라 그려도 좋고
자유롭게 패턴을 그려볼 수도 있어요!

뜨개질

아무 생각 없이 손을 놀리고 싶을 때 뜨개질이 최고라고 지인이 그러더군요.
바느질, 흙손인 제게는 그저 부러운 솜씨. 언젠가 시작할 날을 꿈꾸며 뜨개실과 바늘을 그려볼까요?

①

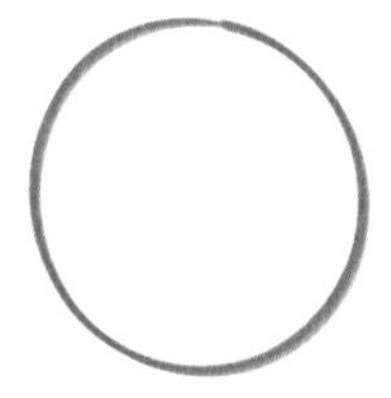

실뭉치를 동그랗게 그립니다.

②

실뭉치 가운데에 세로선을 몇 줄 그리고,

③

교차로 실을 그려넣습니다.

④

이어지는 실에는 바늘 2개와
뜨개 패턴을 그려주세요.

다 만든 뜨개 작품은
점선처럼 나란히 그리면
쉽게 표현할 수 있어요.

슬리퍼

생각만 해도 편안한 느낌이 들게끔 좋아하는 색을 골라 푹신한 슬리퍼를 그려봐요.

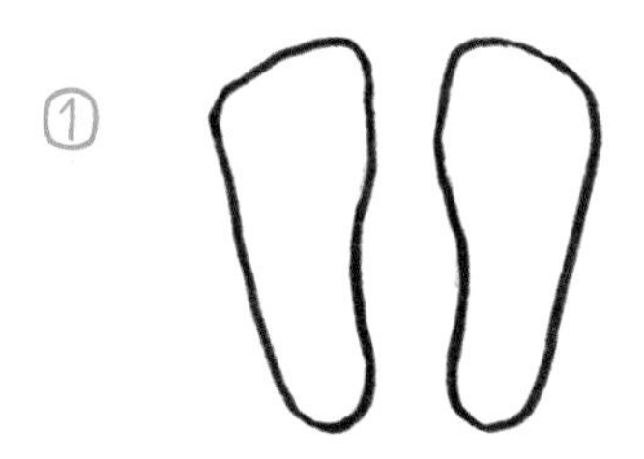

연필로 살살 발모양을
그려주세요. 나중에 지울 거예요.

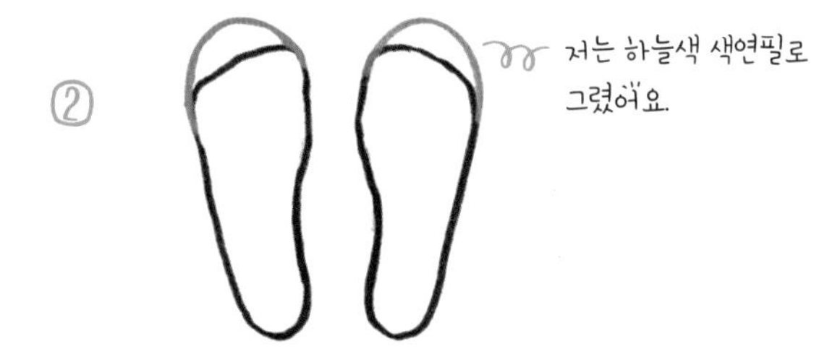

윗부분을 그리기 위해 선을 그려주세요.

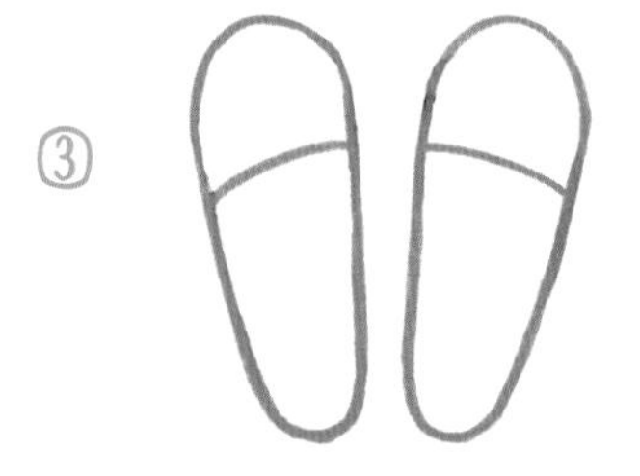

위에서부터 1/3 지점에
슬리퍼의 발등 부분을 표시해줍니다.

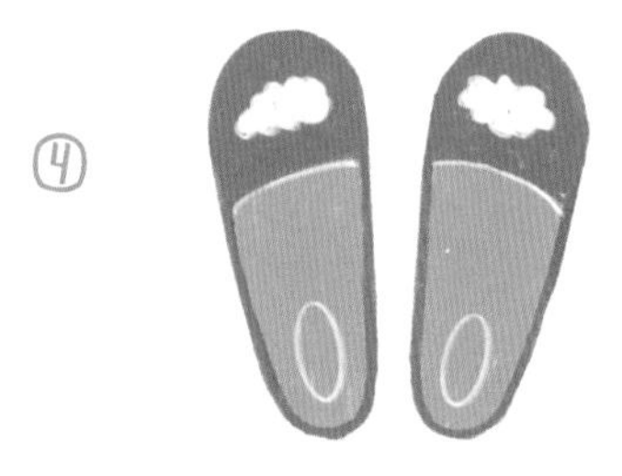

원하는 색으로 채색하고
발바닥 부분에 쿠션을 표시하기 위해
흰색으로 동그라미를 그려주세요.
슬리퍼 윗부분 장식도 해주세요.

여행 가방

정면에서 보이는 캐리어는 사각형에 바퀴만 그리면 되니 간단해요. 하지만 여러 구도의 입체적인 가방을 그려보는 것이 그림 실력을 늘리는 데 도움이 됩니다. 직육면체를 그리는 것부터 연습해보세요!

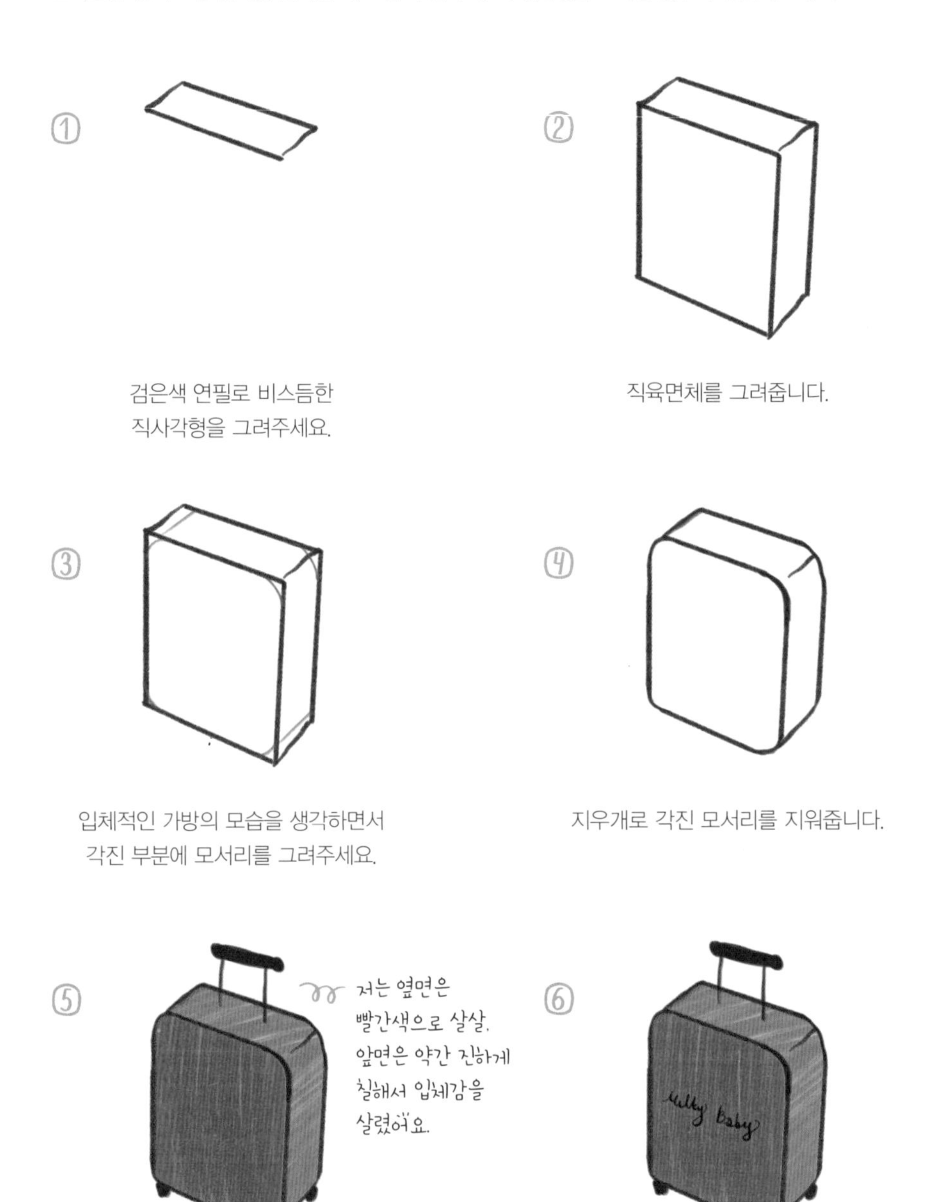

① 검은색 연필로 비스듬한 직사각형을 그려주세요.

② 직육면체를 그려줍니다.

③ 입체적인 가방의 모습을 생각하면서 각진 부분에 모서리를 그려주세요.

④ 지우개로 각진 모서리를 지워줍니다.

⑤ 가방을 원하는 색으로 칠해줍니다.

⑥ 캐리어 앞면을 자유롭게 장식해보세요.

혼자만의 시간이 주어지면 무엇을 가장 하고 싶나요?
언젠가 찾아올 그 시간을 위해 리스트를 만들어봐요!

아이랑 주운 열매

산책을 하다 보면 뭔가를 줍기 바쁜 밀키. 아이와 열매를 줍던 즐거운 시간을 그려보세요.
자연물은 그리는 것만으로도 힐링이 됩니다.

①

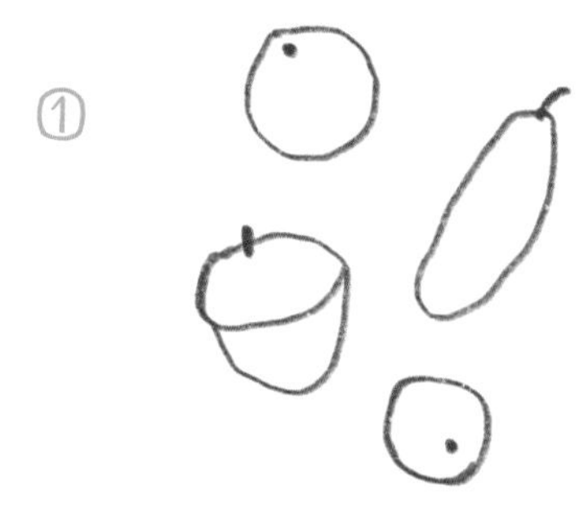

동그라미, 타원, 도토리 모양 등
연필로 밑그림을 그려주세요.

②

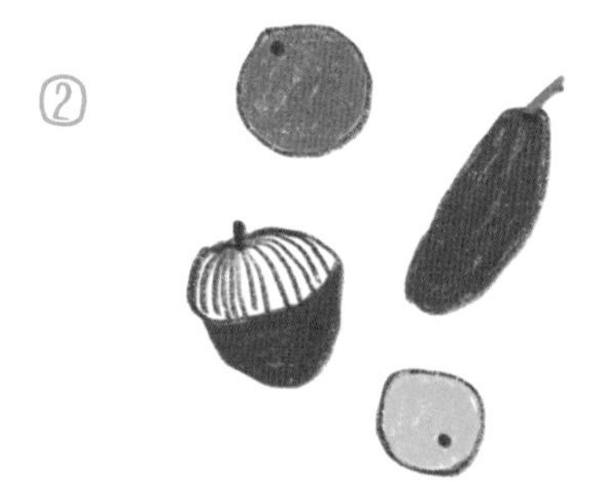

좋아하는 색으로 열매를 칠해주세요.
저는 도토리 껍질에는 파란색 줄무늬를
그려 재미를 줬어요.

③

연필로 라인을 또렷하게 한 번 더
그려주고, 흰색 젤펜으로
빛을 표현해줍니다.

시소

아이와 놀이터에서의 시간을 그리고 싶은데, 놀이터의 화려한 놀이기구가 그리기 부담스럽다면?
가장 간단한 시소부터 그려보세요.

① 

연필을 들고 길고 비스듬하게
널판지를 그려주세요.

②

중심축, 의자, 손잡이 등을 그려주세요.

③ 

저는 중심축은 검은색, 의자는 초록색,
널판지는 주황색으로 그려줬어요.

모래놀이 친구들

놀이터에 가거나 바닷가에 가면 빠질 수 없는 모래놀이. 모래놀이를 할 때 필요한 장난감을 모아봤어요.

물뿌리개

물뿌리개 하나만으로도 한나절을 노는 아이들!
부분별로 색을 다르게 해주면 더욱 예쁜 물뿌리개가 됩니다.

①

주황색으로 뚜껑을,
통은 노란색으로 그려줄게요.

②

노란색을 채워주고 주황색으로
물이 나오는 주둥이와
뚜껑을 칠해주세요.

③

파란색으로 손잡이와
주둥이에 한줄을 더해주면 완성!

삽

모래 놀이를 할 때 즐겨 쓰는 삽! 오목한 부분만 주의해서 그려주세요.

① 손잡이를 그려주세요.

② 흙을 퍼나르는 부분은 아래로 갈수록 약간 좁게 그려주세요.

③ 젤펜으로 삽의 오목한 부분을 강조해주세요.

통

간단하지만 포인트를 잘 살려서 그려주세요.

① 초록색으로 타원과 통의 아랫부분을 그려주세요.

② 채색할 때 너비를 조금 두껍게 그렸어요. 너무 좁으면 화분 같아 보여요.

③ 윗부분을 회색으로 칠하고 노란색 손잡이를 달아줬어요.

조개

바닷가에 놀러가면 항상 줍게 되는 조개.
반짝반짝 다양한 조개의 모양을 그리는 것만으로 이미 입가에 미소가 가득!

①

조개의 모양은 참 다양해요.
마음에 드는 모양을 선택해서
연필로 그려보세요.

②

마음에 드는 색으로 조개를 색칠하거나,
패턴을 그려주세요. 저는 소라에만
줄무늬 패턴을 넣어주었습니다.

③

흰색 젤펜이나 배경색보다
진한 색연필로 줄무늬를
그리는 방법은 여러 가지예요.

④

연필로 라인을 또렷하게 그려서
마무리해주세요.

텐트

그늘막의 아늑함을 떠올리며 가족과의 추억을 그려보세요.

①

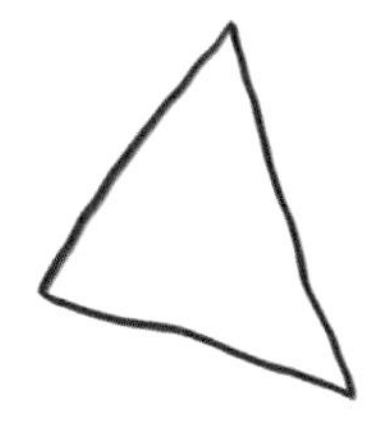

오른쪽이 약간 내려간
세모를 그려주세요.

②

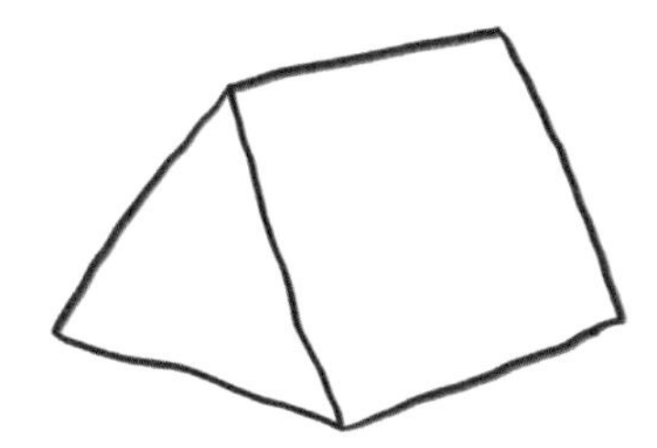

세모에 이어 사다리꼴을 그려줄게요.

③

고정핀도!

세모 안에 텐트의 입구를 내줍니다.
사다리꼴은 약간 어두운 하늘색으로 칠하고,

④

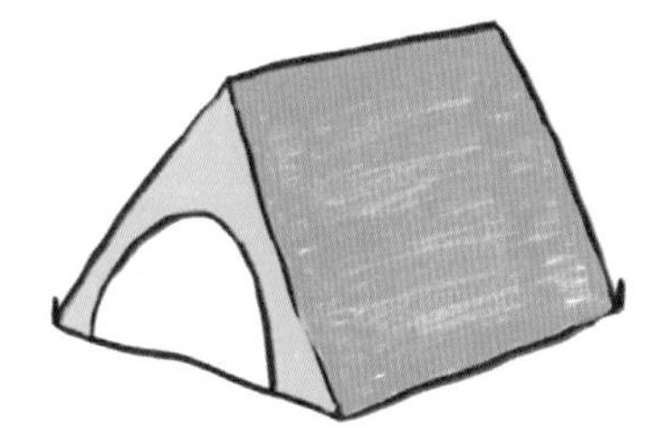

세모는 ③보다 조금 더 밝은 하늘색으로
칠해주세요. 입체감이 살아났죠?

⑤

밋밋한 텐트에 흰색 젤펜과
배경색보다 더 어두운 파란색으로
패턴을 조금 넣었어요.

텐트 안쪽을 그리는 팁!

- 왼쪽 꼭지점에서부터 시작하는 곡선을 그리고, 바닥을 회색, 안쪽 벽을 텐트 바깥에 칠한 색보다 더 어두운 색으로 칠해주면 좋아요!

CHAPTER. 3

가족여행, 그림으로 남겨요!

Lesson

여행 일러스트 그리는 법

밀키와 첫 해외여행을 떠난 곳은 대만이었어요. 밀키가 네 살 무렵에 가서 기억을 잘 못 하더군요. 저 또한 정신없는 첫 여행이라 사진도 많이 찍지 못했죠. 이후 대만에 4~5차례 더 다녀오면서 함께 먹은 것, 본 것, 겪은 것을 그리다 보니 두고두고 밀키와 추억을 곱씹을 수 있게 되었어요.

여행지에서, 혹은 여행 후 아이와 여행지의 포인트를 뽑아 그림을 그릴 수 있는 팁을 알려드릴게요.

여행지의 추억을 그리는 방법은 세 가지가 있어요.

- 여행지에서 가족과 먹었던 것을 그리기
- 그 지역의 특산물이나 관광명소를 그리기
- 그곳에서 경험했던 것을 그리기

제가 다녀왔던 대만, 북유럽 그리고 우리나라 관광지를 중심으로 어떻게 그리는지 보여드릴게요.

대만

밀크티

한국에도 인기가 많아진 대만식 밀크티. 포인트만 잘 파악하면 그리기 쉬우니 차근히 따라해보세요.

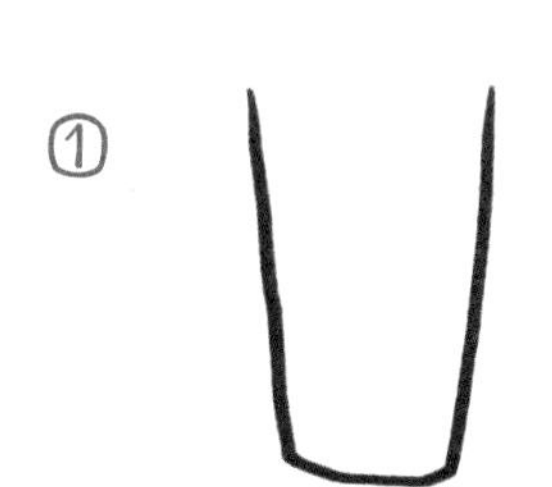

① 검은색으로 컵을 그려줍니다.

② 같은 색으로 뚜껑을 그려주세요. 빨대를 꽂는 부분은 남겨 두고 검은색으로 채워주세요.

③ 살구색으로 밀크티를 채워줍니다. 검은색 컵에 꼭 바짝 붙여 채색하지 않아도 됩니다.

④ 다시 검은색으로 타피오카 펄을 동글동글하게 색칠해주세요.

⑤ 빨대를 빨간색으로 그려줄게요. 긴 원통을 그려주면 됩니다.

⑥ 마지막으로 흰색 젤펜으로 빛을 표현해주면 완벽해요!

망고빙수

여름이면 생각나는 망고빙수! 대만에 가면 꼭 먹는 디저트 중 하나예요.
아이와 망고빙수를 드셨다면, 함께 그려보세요!

①

하늘색으로 구불구불한
그릇의 윗면을 그리고,
이어서 아랫면도 그려주세요.

②

오렌지색, 주황색 계열의 두 가지 색연필로
망고아이스크림과 망고를 그려줄게요.
아이스크림은 동그랗게, 망고는 네모진
형태로 색칠해줍니다.

③

하늘색이나 베이지색으로 얼음을
표현해줍니다. 점선처럼 가느다란 선을
잘게 그려주면, 얼음 표면처럼 보여요.

④

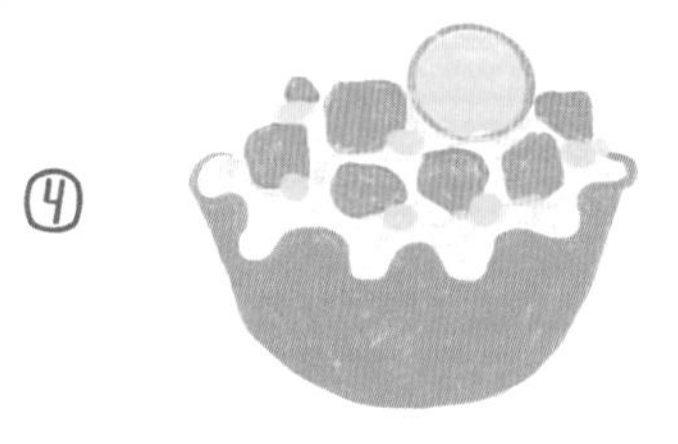

꽉 찬 느낌을 주고 싶다면 하늘색으로
그릇의 단면을 진하게 칠해주세요.

⑤

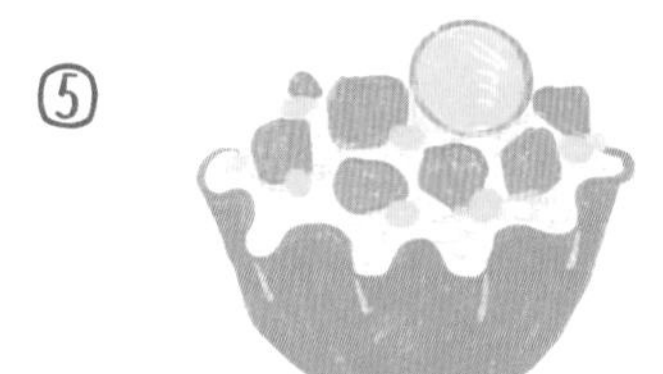

흰색 젤펜으로 아이스크림과
그릇에 약간의 빛을 표현해줬어요.

101타워

우리나라에 남산서울타워가 있다면, 타이베이에는 101타워가 있죠.
밀키는 101타워가 보이는 모래 놀이터에서 놀았던 기억을 떠올리며 즐거워해요.
여행한 도시의 랜드마크를 함께 그려보면 좋겠죠?

① 밑부분이 좁아지는 도형을 그려주세요.

② 이 도형을 여덟 개로 쌓아 그리면, 101타워의 절반을 그린 거랍니다.

③ 윗부분의 탑을 선, 동그라미, 네모 순으로 그려주세요.

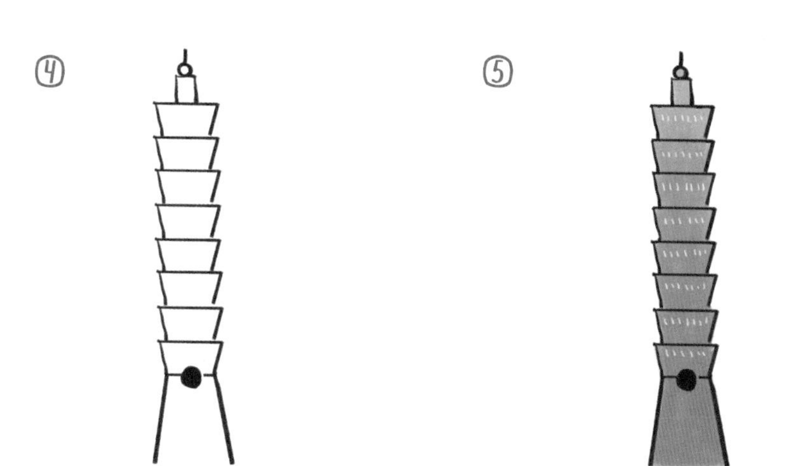

④ 타워 아랫부분은 밑부분이 약간 넓어지게 그려주고, 중간 부분에 검은 원을 그려 넣어주세요.

⑤ 원래는 회색의 타워지만, 핑크색으로 칠해줬어요. 윗부분은 흰색과 섞어 살살 칠하고, 밑부분을 진하게 칠하면 예쁜 핑크색 그러데이션이 된 타워로 완성됩니다.

홍등

대만이나 중국의 야경에 빠짐없이 등장하는 홍등.
여러 가지 모양이 있지만 가장 기본적인 홍등을 그려볼게요.

①

검은색 색연필로
직사각형 네모를 그려주세요.

②

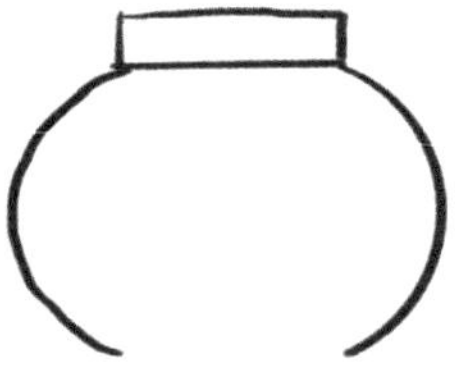

그 밑에 대칭되는 곡선을 그려줍니다.

③

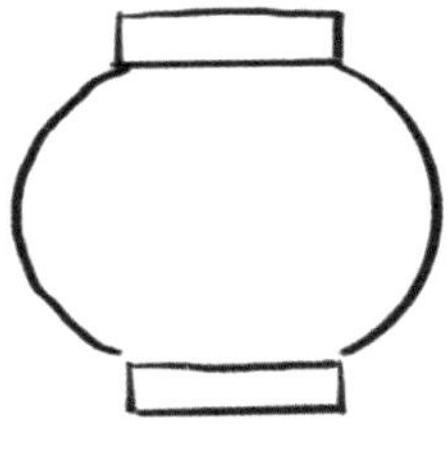

아래에도 ①과 같은
납작한 네모를 그려주세요.

④

아래에 장식을 달아줍니다.
동그라미에 실 몇 가닥을 그려주세요.

⑤

홍등은 붉은색이죠. 빨간색 계열의
색연필로 둥근 부분을 칠하고 위아래 네모는
검은색이나 회색으로 채워주세요.

⑥

검은색 선으로 홍등의 주름을
표현하면, 완성!

차

대만의 차박물관과 차밭을 돌아보고 차를 맛보면서 생각보다 맛있다는 사실에 놀랐어요.
차에 대한 애정을 담아 그리는, 찻잎과 찻잔.

찻잎

옆으로 쏟아지는 찻잎을
그려야 하니 동그라미를
비스듬하게 그려주세요.

①에 이어 원통을 그려주세요.

저는 원통 부분을 민트색으로 살살
칠해줬어요. 찻잎은 ①의 원에서부터
바깥쪽으로 초록색 점을 찍어주세요.

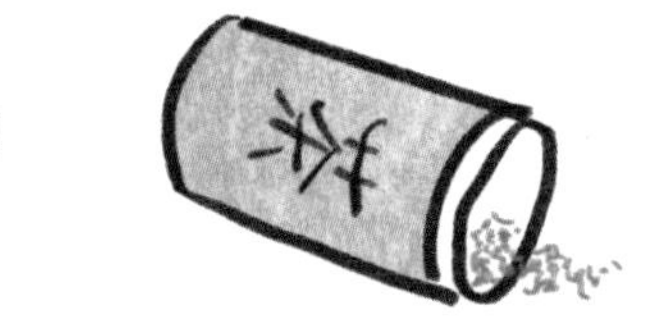

원통 밖에 검은색으로 차(茶)라는
한자를 적어보았습니다.
훨씬 실감나죠?

찻잔

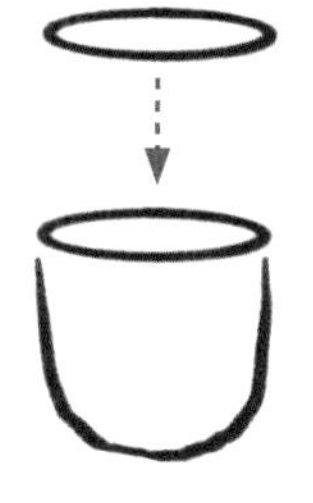

타원을 먼저 그려주세요.
이어서 둥글게 찻잔을 그려주세요.

②

베이지색으로 컵의 겉면을
색칠해주세요.

③

청회색으로 무늬를 그려주면
예쁜 찻잔 완성~!

북유럽

한국에서도 북유럽 패턴을 심심치 않게 찾을 수 있죠.
핀란드와 에스토니아에 가 보니 북유럽의 자연환경, 생활과 문화가 반영된 패턴 디자인이 곳곳에서 보였어요.
북유럽의 정서를 좋아한다면 직접 아이와 그려서 방에 장식해보세요.

블루베리

북유럽 사람들은 숲을 산책하면서 베리를 따서 바로 먹는다고 해요.
밀키도 핀란드에서 산딸기와 블루베리를 많이 먹었어요. 먹는 것과 그리는 것은 언제나 즐겁죠.

①

검은색 동그라미를
4개 그려주세요.

②

블루베리의 꼭지를 그립니다.

③

블루베리의 색은 자세히 보면
보라색, 남색, 검은색 등 여러 가지예요.
보라색과 남색이 있다면
두 가지로 색칠해주세요.

④

흰색 젤펜으로 꼭지와 블루베리
윗부분을 중심으로 빛을 그려줍니다.

침엽수

북유럽 패턴이라 하면 침엽수를 빼놓을 수 없죠.
침엽수를 그리는 방법은 다양하지만, 가장 쉬운 방법을 알려드릴게요.

① 침엽수는 'ㅅ'을 여러 개 쌓으면서 그리면 돼요. 초록색으로 자글자글하게 그려줍니다.

② 3개 정도 쌓고 아래에 갈색과 베이지색으로 줄기를 그려주세요.

③ 조금 더 예술적인 효과를 주려면, 윗부분은 옅은 초록색, 연두색으로, 중간은 그보다 더 진한 초록색, 가장 아랫부분은 제일 진한 초록 계열의 색연필로 칠해보세요.

힘멜리

핀란드 디자인 숍에 가면 자주 보이는 구조물이 있어요.
'힘멜리(Himmeli)' 라고 하는 이 구조물은 예전에 추수를 끝내고 짚으로 엮어 천정을 꾸미는
전통적인 북유럽 장식이에요. 요즘은 힘멜리를 금속이나 나무로 만들어 모빌, 화분으로 많이 쓰더라고요.

검은색 연필을 들어서, 한 점에서부터
나가는 3개의 선을 그려주세요.

②

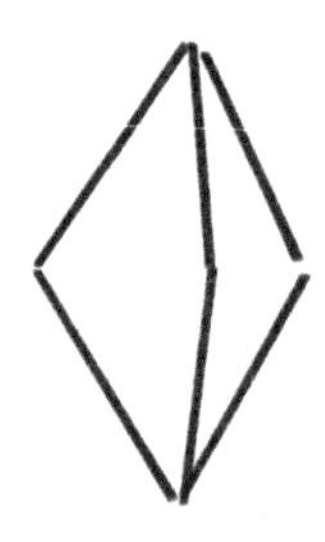

아래로 대칭되게 3개의 선을
더 그려주세요.

③

중간을 이어줍니다.

④

입체적인 구조물이라 ①의 선보다
조금 짧은 세로선을 그려주세요. 가로선을
안쪽으로 그려 ③과 이어줍니다.

⑤

위아래에 좋아하는 색의 원을
그려주세요. 구슬이 될 거예요.

⑥

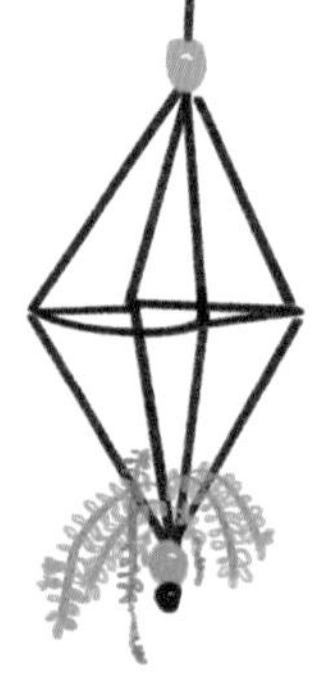

저는 초록색으로 풀을 좀 그렸어요.
빨대로 힘멜리를 만들어서 이런 풀이나
이끼를 얹으면 그럴듯해집니다.

꽃무늬

흐린 날이 많은 북유럽의 날씨 탓에, 선명하고 뚜렷한 색감을 사용하는 꽃무늬 패턴이 자주 보였어요. 마음까지 밝아지는 꽃의 모양은 무척 쉬우니 아이와 함께 그려보세요.

①

고동색 크레용으로 꽃의 중간 부분을 원으로 그려주세요.

②

주황색으로 ①의 중심을 동그랗게 감싸주세요.

③

마지막으로 5장의 잎이 있는 분홍색 꽃을 가장자리에 그려주세요.

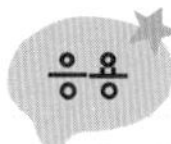

- 검은색과 노란색, 파란색과 초록색 등의 조합으로 그려보세요. 마음에 드는 조합을 찾아가며 색상 실험놀이를 해볼 수 있어요.

썰매

눈이 많이 내리는 북유럽에서는 겨울에 늘 썰매와 스키를 탄다고 해요.
추운 북쪽의 겨울을 생각하면서, 산타가 타는 썰매를 그려보세요.

①

검은색으로 'ㄹ'을 흘려 쓰듯이
곡선을 그려주세요. 썰매의 의자를
그려줄 거예요.

②

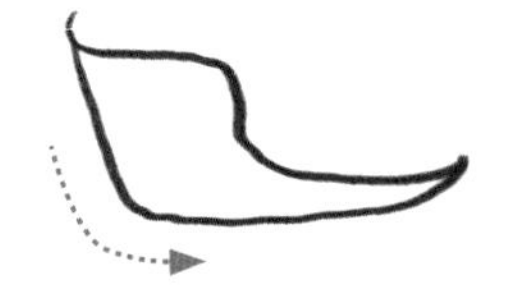

'ㄴ'을 그리듯 의자를 그려주세요.

③

선 3개를 그려 썰매 밑부분을 그립니다.
이어서 그 선을 잇는 직선을
일자로 그려줍니다.

④

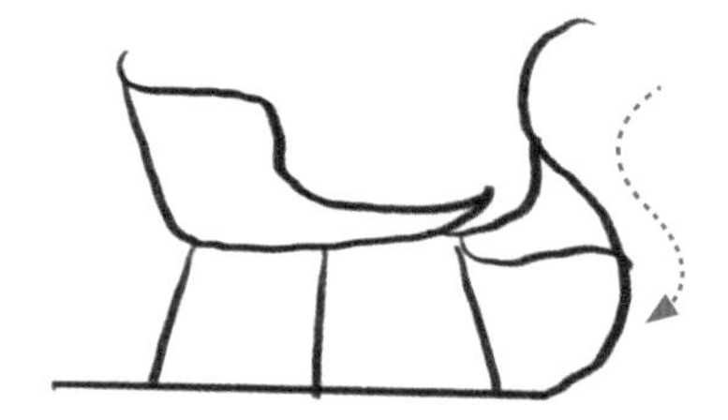

썰매 앞부분은 의자 높이로
'S' 자를 그리면 쉬워요.

⑤

구불구불한 장식을 넣어주고,
의자는 빨간색으로 칠해주면 끝!

빨간 지붕 집

에스토니아에 갔을 때 빨간 지붕의 집들이 인상적이었어요.
기념품 숍에도 많이 파는 것을 보면 이곳의 명물인 듯해요. 우리가 흔히 그리는 집의 모양과 비슷하니 어렵지 않아요.

검은색으로 한 점에서 시작하는
3개의 선을 그려줄게요. 가운데 선을
가장 길게 그리고 끝을 이어주세요.

아래 3개의 선을 그려줄게요.
이번에도 가운데 선이 가장 길어요.

지붕의 앞면은 분홍색,
옆면은 빨간색으로 채워주세요.

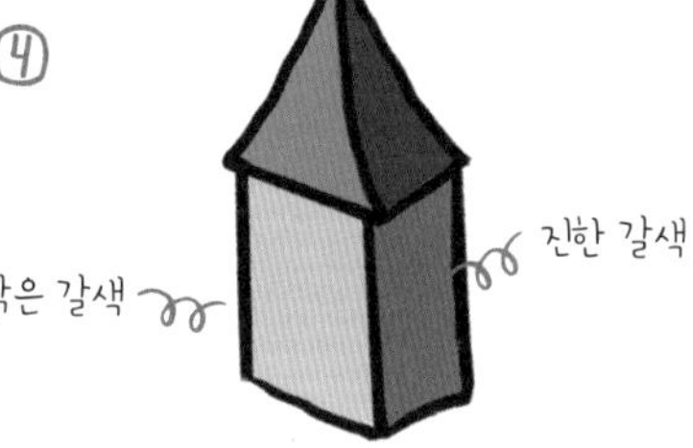

분홍색으로 채워준 지붕 밑으로
집의 벽면도 채색을 합니다.

입체적인 집이 되었죠? 지붕은 앞에
썼던 빨간색으로 기와를 그려주고,
벽면에도 진한 갈색으로 벽돌을 그려
넣었습니다. 검은색으로 창문도 살짝 그렸어요.

서울

서울은 제가 나고 자란 곳이자, 가장 좋아하는 도시예요.
그러나 아직도 서울의 구석구석을 다니면, 처음 알게 되는 것들이 많아요.
한국적인 면모를 알아가면서 밀키와 하나씩 그려보는 재미도 빼놓을 수 없어요.

남산서울타워

서울의 랜드마크죠. 실제로는 조금 복잡하지만, 간단히 그리는 방법도 있답니다.

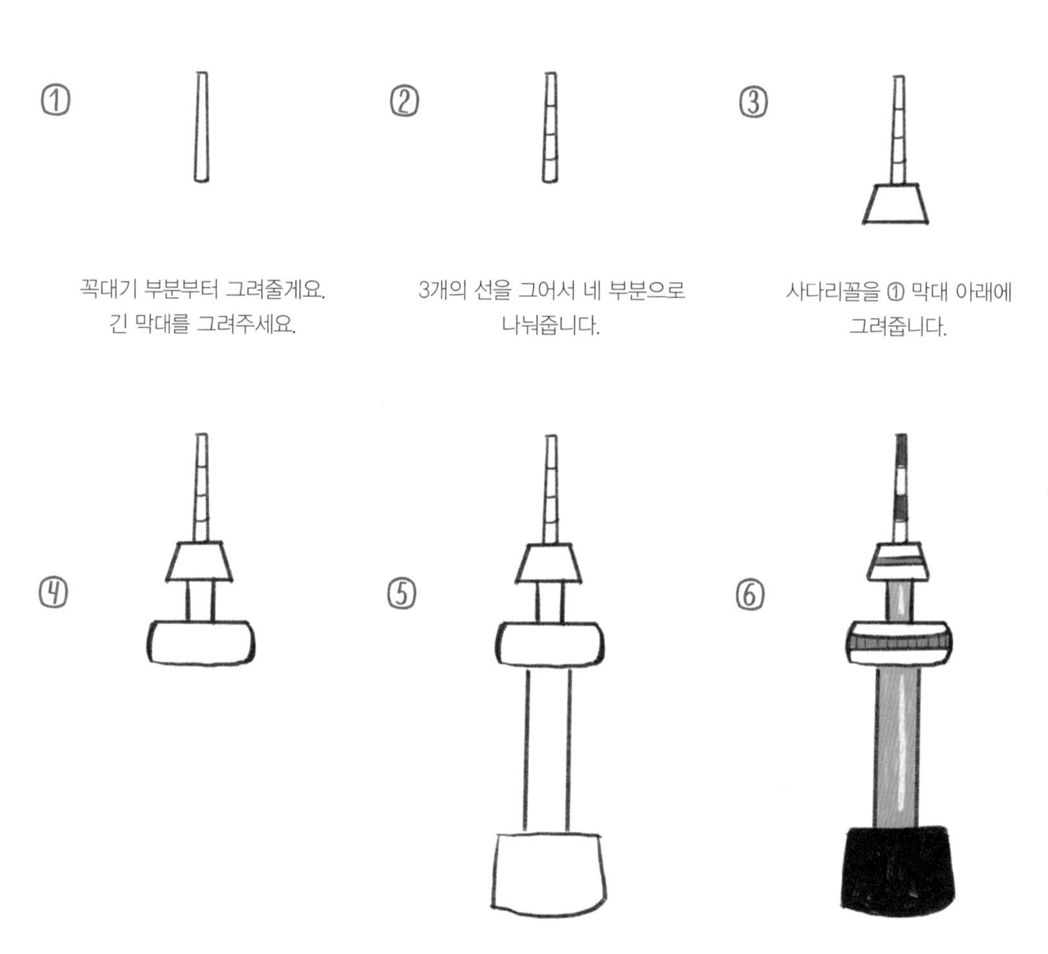

① 꼭대기 부분부터 그려줄게요. 긴 막대를 그려주세요.

② 3개의 선을 그어서 네 부분으로 나눠줍니다.

③ 사다리꼴을 ① 막대 아래에 그려줍니다.

④ ③보다 조금 더 큰 도형을 그립니다. 전망대 부분이에요.

⑤ 큰 기둥과 받침대를 그려주고, 기둥은 회색, 받침대는 검은색으로 칠해주세요.

⑥ ①의 막대는 빨간색을 번갈아 칠해주세요. 전망대는 중간 부분을 나눠 하늘색으로 창문을 표현하면 됩니다.

경복궁

경복궁의 실물은 훨씬 복잡하고 아름답지만, 단순하게 그려볼까요?
한국적인 색의 조합을 느끼면서 그리면 더욱 재미있어요.

①

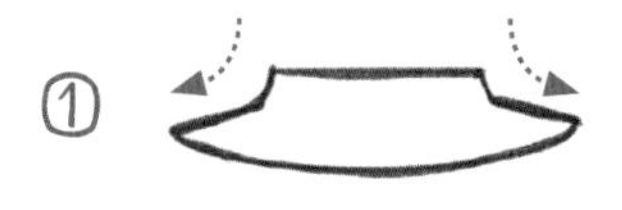

검은색 연필로 모자를 그리듯,
지붕을 그려줍니다.

②

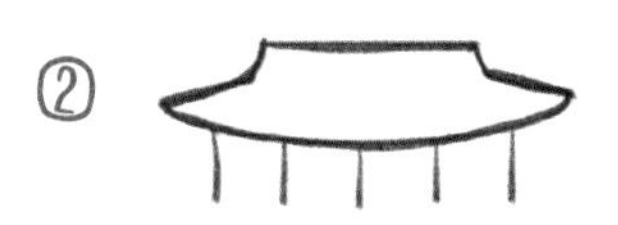

지붕 아래에 5개의
선을 그려줍니다.

③

지붕을 한 번 더 그려줍니다.
①보다는 처마가 꺾이지 않게 그립니다.

④

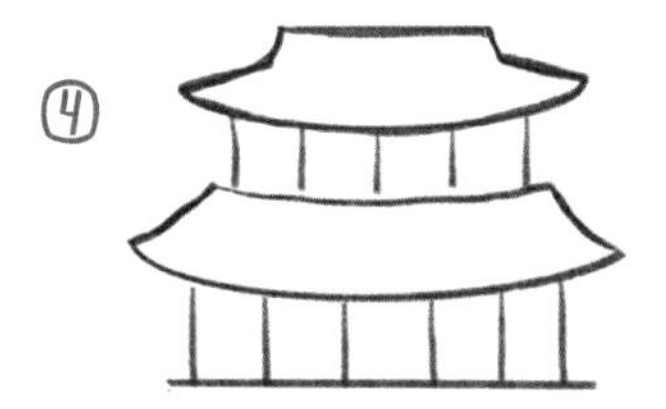

③ 아래에 6개의 선을
그려줍니다.

⑤

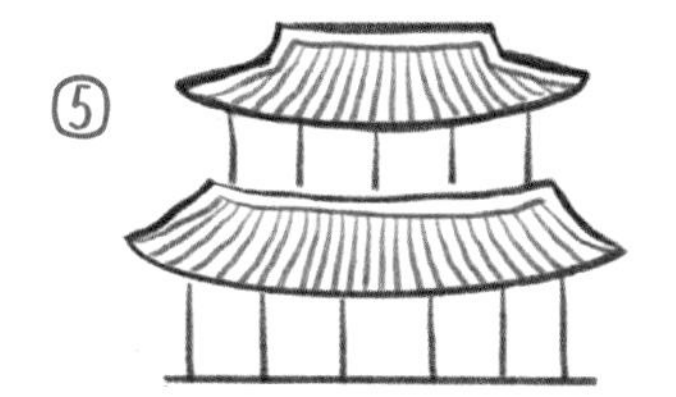

지붕은 파란색 색연필로 먼저 기와를
표현하는 선을 그려줍니다. 가장 윗부분은
흰색으로 남겨 두고 선을 그어주세요.
선 사이사이는 검은색으로 채워줍니다.

⑥

지붕 아랫부분은 갈색과 초록색으로
칠해줍니다. 갈색으로 먼저 가로
세로선을 그은 후, 사이사이의 문을
초록색으로 채워주세요.

⑦

검은색으로 현판과
담을 그려줍니다.

삼계탕

여름이 되면 생각나는 보양식, 삼계탕은 뜨거운 뚝배기에 나와야 제맛이죠.
삼계탕을 많이 먹긴 했지만, 그리기는 처음이신 분들을 위해 아주 간단한 버전으로 알려드릴게요.

①

뚝배기를 그려줄게요. 검은색 색연필로
뚝배기의 윗부분 곡선을 2개 그립니다.
이 부분은 회색으로 칠해주세요.

②

뚝배기 아랫부분은
검은색으로 칠해주세요.

③

빼꼼 나와 있는 닭의 다리와
배 부분을 따라 그려주세요.

④

닭은 살구색으로 칠하고 국물은
노란색으로 채워줍니다.

⑤

빨간색 타원을 그려 대추를,
초록색으로 파를 점 찍어서 표현해줍니다.

청사초롱

한밤중에 길을 밝혀주던 청사초롱. 예전에는 결혼식 때 썼지만 지금은 다양한 전통 축제에서 볼 수 있죠. 그리기도 쉽답니다.

① 

검은색 연필로
비스듬한 네모를 그립니다.

② 

①을 연결해 직육면체로 그려요.

③ 

가로로 반으로 가르는 선을 그어주고
윗부분에 손잡이를 그려주세요.

④ 

윗부분은 빨간색, 아랫부분은
파란색으로 색칠해보세요.

여성 한복

경복궁 주변을 가면 관광객들이 한복을 입고 사진을 찍는 모습을 쉽게 볼 수 있죠.
우리나라의 전통 의상인, 한복을 그려볼게요. 한복은 시대별로 모양이 달랐지만, 요즘엔 한복 디자인이 더욱 다양해졌어요. 인터넷에서 마음에 드는 한복 디자인을 검색해서 그려보는 것도 좋은 연습이 될 거예요.

①

한복의 깃 부분을 그려줍니다.
오른쪽을 더 길게 그리면 됩니다.

②

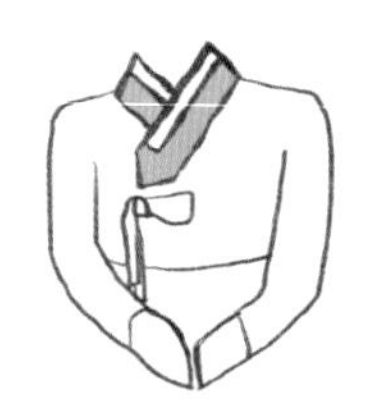

동정 부분을 빼고
연두색으로 칠해주세요.

③

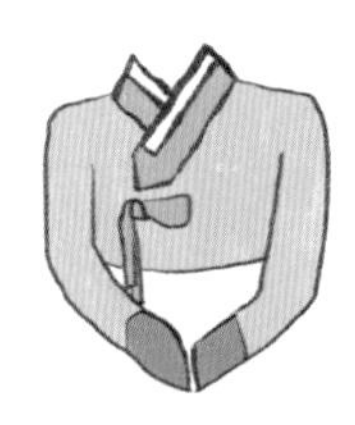

고름을 그려주고, 소매 부분을 그려줍니다.
전체적으로 연보라색, 끝동 소매 부분은
조금 진한 보라색으로 칠해줬어요.

④

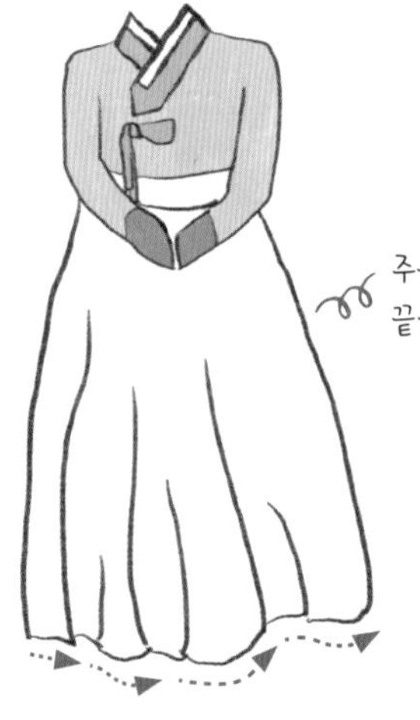

주름 선을 먼저 그리고,
끝을 이으면 쉬워요.

이제 치마를 그립니다.

⑤

주름 선을 제외하고
주황색으로 칠해줍니다.

남성 한복

①

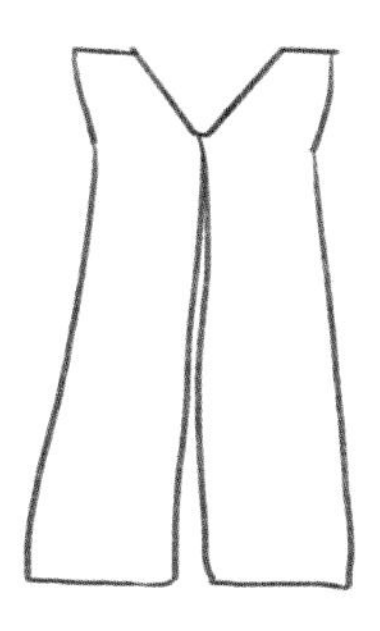

남성의 한복은 배자와 두루마기를
포함해서 그려볼게요. 먼저 조끼 부분을
그려줍니다.

②

목 부분에 깃을 그려주고,
팔 부분도 그려줍니다.

③

소매와 바지 부분을 그려줍니다.

④

배자는 회색으로, 안쪽 저고리는
남색으로 칠해주세요.

⑤

가슴 부분에 리본을 달아줍니다.

제주

제주는 볼 것도, 먹을 것도 많은 섬이에요. 제주도에 놀러 가신다고요?
이동하는 중간중간 제주에서 경험한 것을 아이와 그려보세요!

귤

제주 하면 떠오르는 과일, 귤. 어떻게 그 새콤한 느낌을 표현해볼까요?

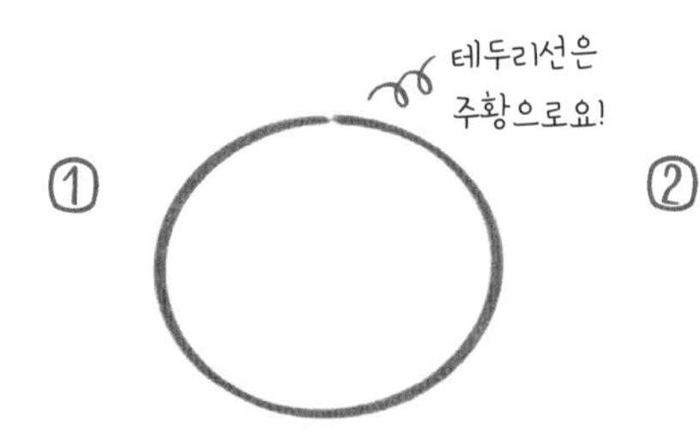

원을 먼저 그리고 시작하면 쉬워요.
작은 원을 하나 그립니다.

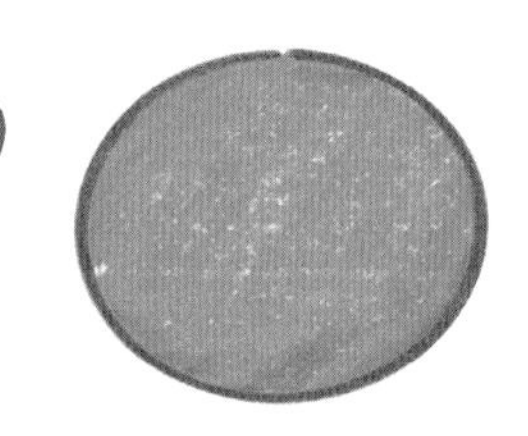

안을 귤색으로 채워주세요.

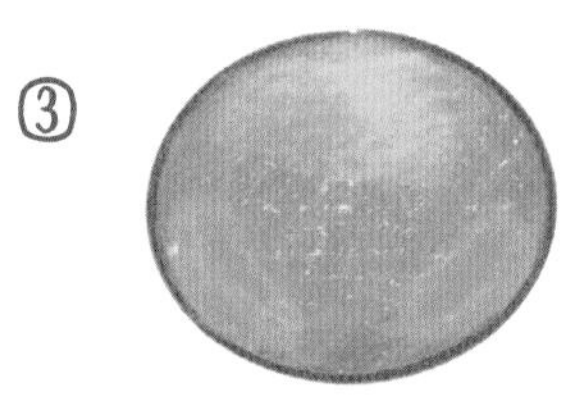

윗부분과 아랫부분 좌우를 초록색,
노란색으로 살살 칠해서 귤 껍질의
농도 차를 표현해주세요.

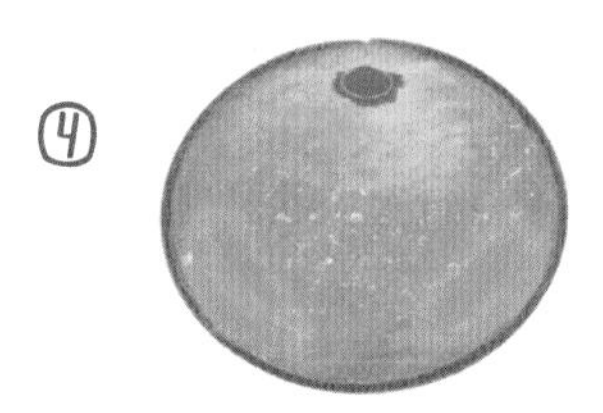

꼭대기 중심에 도장처럼
꼭지 부분을 그려주고,

줄기와 잎 하나를 그려주세요.
잎은 아래위로 다른 색을 칠해주면
입체적인 느낌이 살아납니다.

군데군데 흰색으로
스크래치를 내듯 그려주면
귤 껍질의 느낌이 살아나요.

돌하르방

돌하르방은 제주를 대표하는 석상이죠. 돌하르방의 큰 특징 몇 가지만 살려 그려주면,
누구나 알아볼 수 있어요. 큰 귀와 코 그리고 뽕뽕 뚫린 표면을 염두에 두고 그려볼게요.

①

모자 부분을 그립니다.

②

얼굴 형태를 그려줄게요.

③

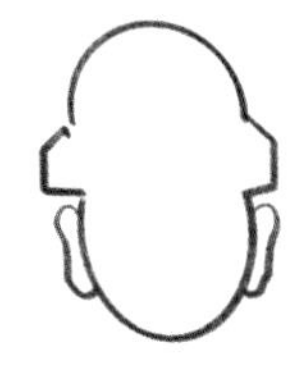

큰 귀! 잊지 않으셨죠?

④

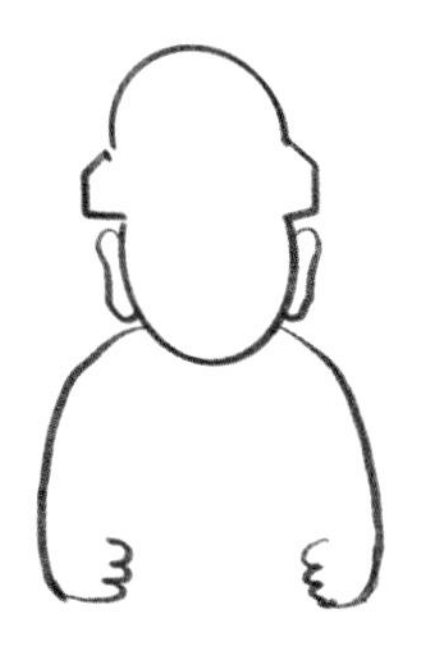

배 위에 살포시 올라간 두 팔과
손을 그려주세요.

⑤

기둥 같은 아랫부분을 그려주세요.

⑥

회색으로 안을 채우고, 얼굴을
그려줍니다. 눈썹부터 이어진 두툼한
코, 팔자 주름을 꼭 그려주세요!

한라산

눈 쌓인 한라산 백록담은 정말 멋있어요.
그 멋짐을 그림에 다 담지는 못하겠지만 1% 정도 간결하게 표현해볼까요?

①

연필로 산의 형태를 먼저 그려줄게요.

②

초록색으로 눈이 내린 곳과
안 내린 곳을 구분해주세요.

③

눈이 쌓이지 않은 아래쪽을
초록색으로 채워줍니다.

④

검은색 연필로 윗부분에
백록담을 그려줄게요.
가운데는 하늘색으로 칠해줍니다.

야자수

야자수 그리는 방법은 다양합니다. 잎을 하나하나 그리는 방식은 아이들이 그리기엔 너무 어려워요. 대신 심플하지만 귀엽게 그리는 방법을 알려드릴게요. 여러 가지 초록색을 섞어 그리면 더 예쁘답니다.

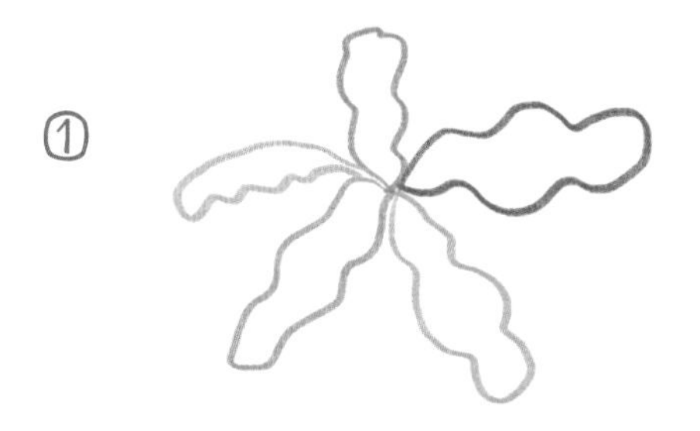

여러 가지 초록색이 있다면, 하나하나 미역처럼 구불구불하게 그려줍니다.

안쪽도 꼼꼼히 칠해줍니다.

검은색으로 잎의 중간을 그어줍니다. 갈색으로 나무 기둥을 그려줄게요.

야자수는 나무 기둥에 삐죽삐죽 섬유가 나와 있어요. 조금 진한 갈색으로 표현해주세요.

동백꽃

제주에서 동백꽃이 흐드러지게 핀 광경을 보고 감탄을 금치 못한 적이 있어요.
눈 속에서도 핀다는 이 예쁜 꽃을 그려보아요.

①

잎 윗부분을 올록볼록하게 그려주세요.

②

①에 겹쳐서 잎을 하나 더 그려주세요.

③

왼쪽에 1장 더 그립니다.

④

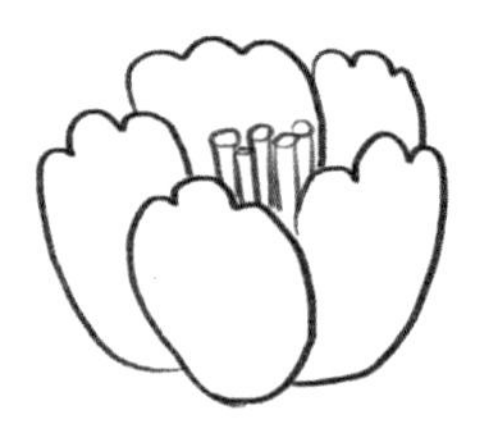

뒤쪽으로 잎을 2장 더 그리고,
꽃의 꽃술 부분을 그려줄게요.

⑤

잎은 빨간색으로 칠해주고,
꽃술을 노란색으로 칠하면 동백꽃 완성!

깨알 팁

- 동백꽃은 암술과 수술이 한꽃에 같이 있는 양성화랍니다. 꽃 한가운데에 암술이 위치하고, 수술이 그 주위를 감싸는 형태라 그림에서는 수술만 표현했어요.

해녀

유네스코의 무형문화유산으로 지정된 우리나라의 해녀. 제주 하면 떠오르는 것 중 하나죠.
조금 어려울 수 있으니 사람의 형태를 연습하고 나서 해녀 그리기에 도전해보세요!

①

해녀의 머리 부분을 그려줍니다.
얼굴 부분에는 타원의 물안경을
그려주세요.

②

팔을 그려줍니다.

③

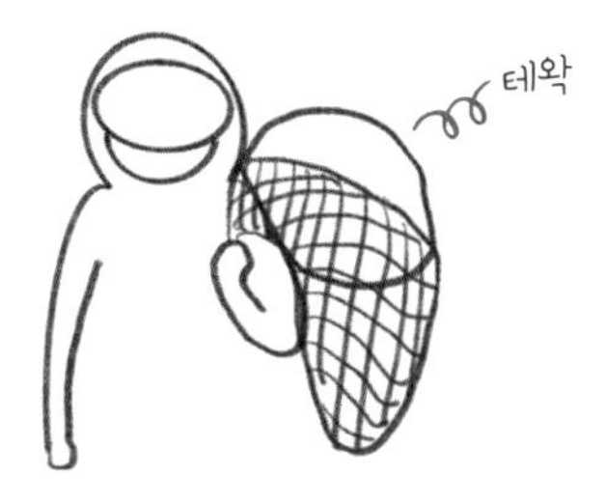

오른쪽 부분에 수산물을 넣어두는
망과 동그란 테왁(부력을 이용한 작업도구)을
그려줍니다. 테왁은 스티로폼이라
흰색으로 둘게요.

④

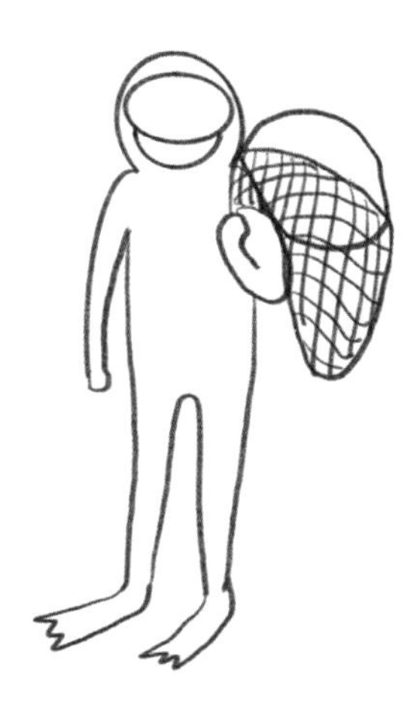

오리발과 다리를 그려줍니다.

⑤

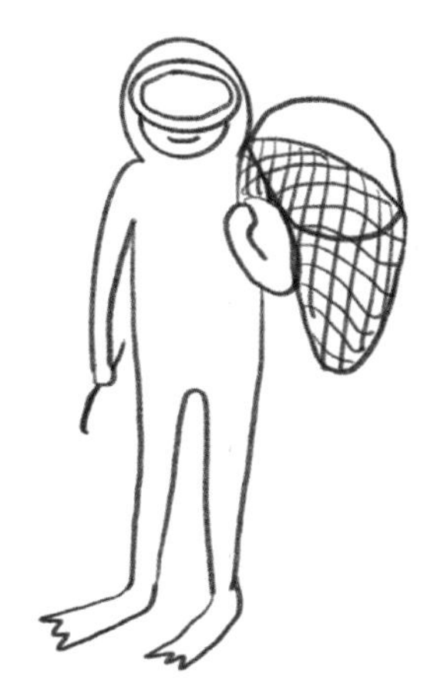

얼굴에 미소를, 다른 한 손에
작은 창을 그려줄게요.

⑥

고무 옷이니 검은색으로 옷 부분을 칠해주고,
눈, 코, 입까지 그려줍니다. 마지막으로 허리춤에
찬 연철(납 벨트)을 흰색 젤펜으로 그려줍니다.

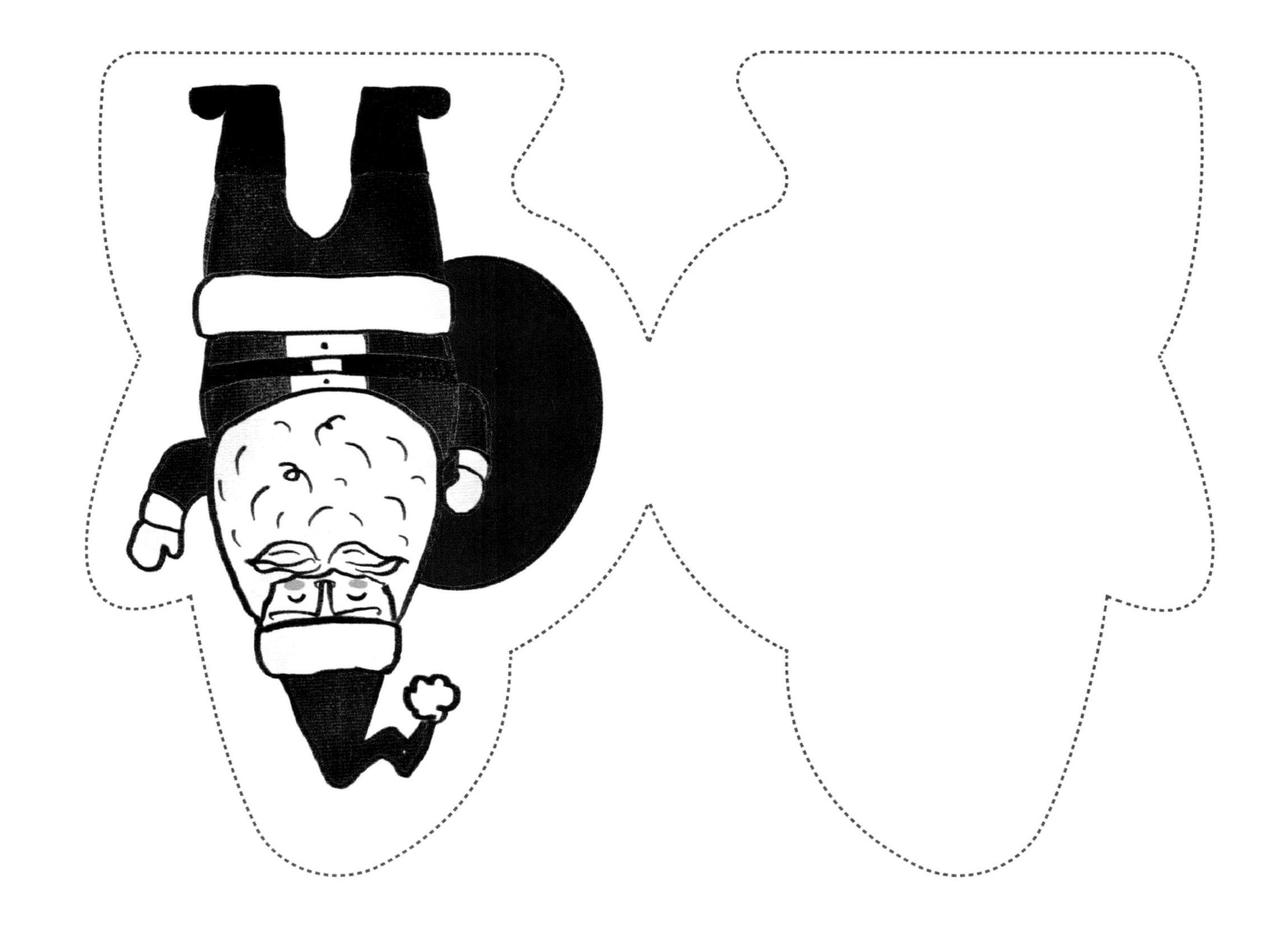

절단선

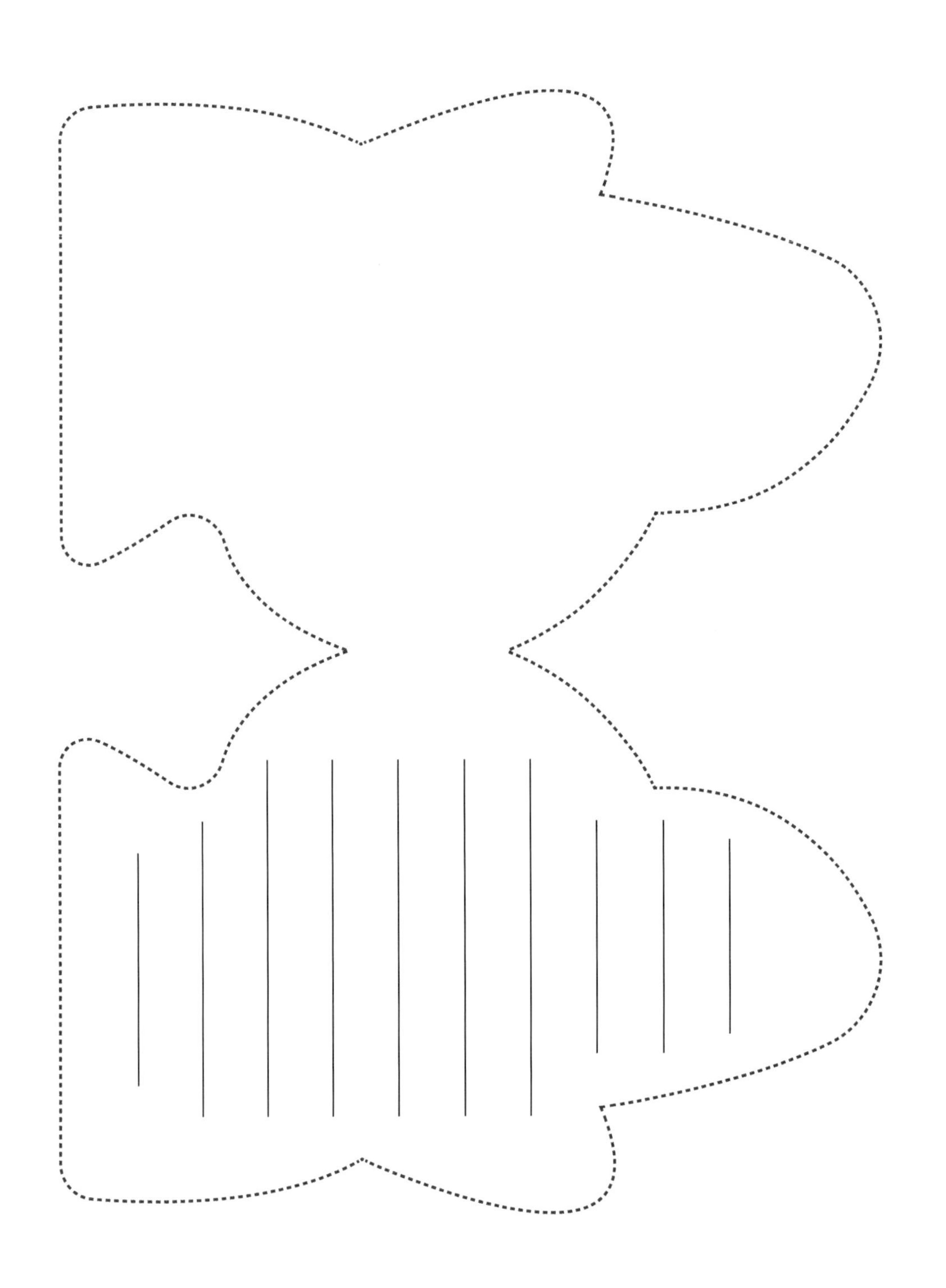

〈©따로 또 같이, 2017〉

절단선

〈©이것이 행복, 2019〉